엄성욱의
반려식물
이야기
② 2

엄성욱의 반려식물 이야기

글 · 사진 엄성욱

②

호야와
난초의 모든 것

문예춘추사

同心之言 其臭如蘭

동심지언 기취여란

～

마음을 함께하는 말은
그 향기가 난초(蘭草)와 같다

— 주역(周易)

PART 1 호야

3 | 호야 돌보는 일

3 한국춘란을 돌보는 일

6 PART

숲에서 만난 야생 난초들

아는 만큼 사랑하게 되는
'호야와 난초'

우리 삶은 식물이 자라는 흐름과 닮아 있다. 어느 날 작은 새싹으로 시작해 빛을 받으며 무성해지고 가장 찬란한 계절을 지나 다시 고요한 시간을 맞이한다. 때로는 바람에 흔들리고 때로는 성장이 더뎌지는 시기도 있다. 그럼에도 식물은 멈추지 않는다. 눈에 보이지 않는 순간에도 뿌리를 내리고 다음 계절을 준비하며 묵묵히 자기 자리를 지켜낸다.

내 삶 또한 그렇게 식물처럼 흘러왔다. 외국에서 공부하며 세상을 넓게 바라보는 법을 배웠다. 중국과 베트남에서 주재원으로 지내는 동안에는 낯선 환경 속에서 버티고 적응하는 시간을 보냈다. 언어도 문화도 다른 곳에서의 생활은 늘 긴장과 외로움을 동반했지만, 그 시간 속에서도 나는 조금씩 뿌리를 내리는 법을 배워갔다. 새로운 땅에서 자리를 잡아야 했던 그 시절, 나를 붙잡아준 것은 늘 곁에 있던 식물이었다. 그렇게 돌아보니 내 삶의 여러 굴곡과 이동의 순간마다 초록은 늘 함께 있었다. 그리고 그 인연의 시작에는 아주 오래전 한 촉의 난초가 놓여 있었다.

식물과의 첫 인연은 어린 시절, 서예학원 원장 선생님께 선물로 받은 한 촉의 한국춘란에서 시작되었다. 손바닥만 한 화분 하나였지만 그 안에는 내가 아직 알지 못했던 시간이 담겨 있었다. 몇 해를 기다린 끝에 처음 꽃이 피던 날의 기억은 지금도 또렷하다. 소리 없이 피어 있는 꽃은 마음에 큰 파도를 일으켰다.

세월이 흘러 난실에는 한국춘란과 일경구화가 가득해졌다. 처음 함께했던 그 난초는 사라졌지만, 그 뒤를 이은 춘란과 일경구화들은 지금도 여전히 한 자리를 지키고 있다. 가장 오래된 친구처럼 말없이 나의 시간을 함께 견뎌온 존재다. 난초는 늘 그 자리에 있었고, 나는 그 곁에서 조금씩 변해왔다. 식물을 키우며 내 삶의 속도도 조정되며 묵묵히 자기 자리를 지켜내는 법을 자연스럽게 배워갔다.

호야와의 인연은 또 다른 결로 다가왔다. 탁구공을 닮은 동그란 꽃 뭉치가 귀여워 난실에 들였던 호야는 생각보다 훨씬 깊은 향기를 품고 있었다. 소엽풍란보다도 달콤한 그 향은 삶의 공간을 풍요롭게 했다. 그렇게 호야는 난초 곁에 자연스레 자리를 잡았고, 수십 년 동안 함께 배양하며 계절을 건너왔다. 꽃이 피는 밤이면 난실은 조용한 축제의 장이 되었다. 그 향기 속에서 하루의 피로는 스며들듯 사라졌다.

"아는 만큼 보이고, 보이는 만큼 느끼며, 느끼는 만큼 이해하고, 이해하는 만큼 사랑하게 된다."

이 말은 나에게 호야와 난초를 설명하는 가장 적확한 문장이다. 처음에는 그저 예쁘고 향이 좋아서 곁에 두었지만, 시간이 쌓일수록 식물의 표정과 몸짓이 보이기 시작했다. 잎의 미세한 변화와 꽃대가 오르는 속도, 계절에 따라 달라지는 호흡까지 모두 나의 시선 속으로 스며들었다. 그렇게 나는 식물과 함께 살아가는 사람이 되어갔다.

한국에 있을 때는 춘란과 풍란이 전부였다. 그러나 중국에서의 주재원 생활은 묵란의 달마와 춘검, 그리고 일경구화의 깊은 세계를 열어주었다. 이전에는 보이지 않던 난초의 얼굴들이 하나둘 모습을 드러냈다. 지금은 추지란과 연판란, 송춘란, 녹란까지 함께 즐기며 난초의 스펙트럼이 얼마나 넓고 깊은지 매번 새삼 깨닫고 있다. 한편 베트남에서의 시간은 또 다른 선물을 안겨주었다. 다양한 죽백란의 진면목을 알게 되었고, 이름조차 알 수 없는 야생 난초들과도 자연스럽게 동행하게 되었다.

호야와 난초를 알아가는 시간 속에는 늘 사람들이 있었다. 식물은 새로운 인연을 불러왔다. 국적도 나이도 달랐지만 우리는 식물을 통해 친구가 되었으며 삶을 나누는 관계로 이어졌다. 그리고 그 인연들과 나는 지금도 같은 자리에서 각자의 삶을 함께 이어가고 있다.

이 책은 내가 만난 식물과 인연에 대한 이야기다. 그 이야기가 여러분 삶에도 스며들어 각자의 아름다운 꽃이 되었으면 한다. 식물과 함께하는 삶으로 내가 위로받고 치유를 받았기에 그 좋은 경험과 삶을 독자들과 나누고 싶어 이 책을 썼다.

1권에서 희귀 관엽식물 세계를 먼저 펼쳐 보였다. 그리고 이 책에서는 호야와 죽백란, 일경구화, 동양란 속에 숨어 있는 명품 난초들, 그리고 한국춘란과 숲속에서 만난 야생 난초들까지 그 이야기를 이어가고자 한다. 저마다의 자리에서 조용히 피어나며 우리에게 말을 거는 이 식물들은 삶을 함께 나눌 동반자가 되어달라고 손짓하고 있다. 이 책이 그 손짓에 응답하는 작은 길잡이가 되어 여러분 역시 초록과 더 깊은 시간을 나누게 되기를 바란다.

난초를 진심으로 대하는 사람의 기록

엄성욱 님을 알게 된 것은 그가 중국과 베트남에서 생활하며 난초에 대해 꾸준히 질문을 보내오면서부터였다. 나는 타이완에 거주하며 오랫동안 난초를 순수한 취미로 즐겨왔고 학문과 현장을 함께 경험해왔다. 그가 보내온 질문들을 읽으며 곧바로 느낄 수 있었던 것은 식물을 대하는 그의 진심이었다.

그의 질문은 늘 구체적이었다. 자생 환경과 생태, 계절에 따른 변화, 그리고 난초가 지닌 본연의 깊이에 관한 것이었다. 그런 질문의 결을 통해 그가 얼마나 식물을 진지하게 대하고 있는지 자연스럽게 알 수 있었다. 나 역시 상인이 아닌 애호가로 난초를 대하고 있기에 그의 질문은 언제나 반가웠다. SNS를 통해 나눈 조언과 대화 속에서 나 또한 적지 않은 배움을 얻을 수 있었다.

그런 그가 직접 타이완까지 찾아와《엄성욱의 반려식물 이야기》두 권을 펴낸다는 소식을 전해주었다. 나는 기꺼이 추천사를 약속했다. 그와의 지속적인 소통과 만남을 통해 그의 식물에 대한 애정과 태도를 충분히 이해하고 있었기 때문이다.

이번 2권에는 호야와 죽백란, 일경구화, 동양란과 한국춘란, 그리고 숲에서 만난 다양한 야생난초까지 폭넓게 담겨 있다. 그러나 이 책의 진가는 결코 종을 나열하는 데 있지 않다. 각 난초가 지닌 특성과 더불어 그 난초를 통해 맺어진 사람들의 이야기를 함께 전한다. 식물 그 자체를 넘어 난을 대하는 사람의 마음가짐과 태도까지 담아냈다는 점에서 이 책은 더욱 의미가 깊다.

그렇다고 난초에 대한 깊이가 부족한 것은 아니다. 오히려 전문 애란인의 수준을 훨씬 뛰어넘는 해박한 지식과 경험으로 호야와 다양한 난초의 세계를 균형 있게 아우른다. 이 책을 차분히 읽다 보면 난초에 대한 이해는 물론 삶과 사람, 그리고 자연을 바라보는 시선 또한 한층 깊어질 것이라 기대한다.

《엄성욱의 반려식물 이야기 2권》이 호야와 난초를 가까이하고자 하는 이들 곁에서 오래도록 함께 읽히기를 바라며 기꺼이 이 책을 권한다.

2025년 1월
타이완 국란연합협회
회장 임양기(林陽期)

호야

난초의 우아함과 덩굴식물의 생명력을
동시에 지닌 호야는 오늘도 세계 곳곳의 실내 정원에서
특별한 반려식물로 사랑받고 있다.

호야를
알아가는
시간

호야는 난초인가
덩굴식물인가

호야를 부르는 이름은 참 다양하다. 중화권에서는 둥글게 피어나는 꽃 형태와 착생하는 생태적 특징 때문에 호야를 구란(球蘭)이라 부른다. 야생 착생란과 매우 비슷한 생육 습성을 지녔기에 난초라는 이름을 덧붙인 것이다.

베트남에서는 깜구(Cẩm cù)라고 부른다. 깜은 아름답고 화려하다는 뜻이며 구는 둥글다는 의미다. 집 울타리를 밝히는 둥근 꽃이라는 정겨운 이미지가 담겨 있다.

분류학적으로 호야는 덩굴식물에 속한다. 용담목 협죽도과, 더 정확히는 박주가릿과에서 협죽도과로 재편된 계통에 속한다. 전 세계적으로 약 500종 이상이 알려져 있다. 대부분 중국 남부, 인도차이나반도, 호주, 일본 남부 등 아열대와 열대 지역에 넓게 분포한다. 야생에서는 나무를 타고 오르거나 바위틈에 착생해 살아간다. 어떤 환경에서도 변화에 대한 적응력이 탁월해 초보자도 잘 키워낼 수 있다. 한국에서도 겨울철에 10도 이상만 유지하면 건강하게 자란다.

호야의 매력은 다양성에서 시작된다. 잎 형태만 해도 둥근 잎, 하트형, 바늘형, 비틀린 형태까지 폭이 넓고 무늬와 질감 또한 개성이 넘친다. 꽃은 더욱 특별하다. 별 모양 꽃잎과 중앙의 코로나(corona)[1]가 만들어내는 독특한 구조적 아름다움, 그리고 밤이 되면 퍼지는 은은한 향기 때문에 전 세계 마니아들로부터 꾸준한 사랑을 받는다.

호야가 난초인가, 덩굴식물인가라는 질문은 사실 큰 의미가 없다. 분류학적 위치보다 더 중요한 것은 이 식물이 가진 독특한 존재감이다. 난초의 우아함과 덩굴식물의 생명력을 동시에 지닌 호야는 오늘도 세계 곳곳의 실내 정원에서 특별한 반려식물로 사랑받고 있다.

자생지의 호야

[1] 작은 왕관이나 돔처럼 보이는 구조로 꽃의 중심을 장식하는 부분

사람들이 호야를
사랑하는 이유

호야의 매력을 한마디로 정의하기는 어렵다. 수백 종이 넘는 다양한 모습, 초보자도 쉽게 기를 수 있는 강인함, 그리고 꽃과 잎이 동시에 주는 조형미까지, 호야는 그 자체로 하나의 세계를 이루고 있다.

무엇보다 많은 사람들이 호야에 매료되는 이유는 끝없이 달라지는 얼굴 때문이다. 알려진 원종과 교배종을 합치면 500종이 훌쩍 넘을 만큼 다양하다. 잎 형태도 천차만별이다. 색도 녹색에서 은빛, 분홍색, 자주색에 이르기까지 폭이 넓다. 표면은 매끈한 것부터 털이 있거나 두텁고 다육질처럼 단단한 것까지 다양하다.

꽃의 세계는 더 놀랍다. 녹색 · 빨강 · 보라 · 노랑 · 흰색 등 색 조합이 다양하다. 크기도 1mm 남짓한 소형 꽃부터 10cm 가까운 대형 꽃까지 존재한다. 여기에 호야 특유의 달콤하고 진한 향기가 더해지면 감상의 즐거움은 배가된다.

이처럼 개성이 뚜렷하다 보니 수집가들 관심이 집중되고 있다. 특히 요즘 식물 트렌드는 희귀성과 독창성에 집중되어 있어 호야의 인기는 더욱 높아지고 있다. 잎에 무늬가 들어가거나 은빛 스플래시가 번지는 품종은 고가에 거래된다. 새롭게 발견된 고유종과 희귀종은 전 세계 애호가들 시선을 단번에 사로잡는다.

호야는 실내 식물로도 이상적이다. 강한 햇빛이 없어도 잘 자라고 잎이 두터운 다육질이라 물을 자주 줄 필요도 없다. 공간을 많이 차지하지 않아 작은 집에서도 부담 없이 기를 수 있다. 행잉(hanging) 화분이나 지지대를 활용하면 인테리어 효과도 뛰어나다. 이런 관리의 편안함 때문에 많은 사람들이 호야를 찾는다.

최근 몇 년 사이 전자상거래와 SNS의 확산은 호야 열풍을 더 가속화했다. 세계 곳곳의 수집가들이 사진과 배양 팁을 나누며 새로운 유행을 만들어내니 독특한 잎과 꽃은 사진만으로도 매력이 살아나 빠르게 확산되고 있다.

이처럼 호야는 보기 좋은 식물을 넘어 키우는 즐거움, 모으는 기쁨, 나누는 문화를 모두 품고 있는 식물이다. 이 풍부한 세계가 호야가 오랫동안 사랑받아온 이유다.

호야의 생태를 이해하면 보이는 것들

호야를 가까이서 들여다보면 단순한 덩굴식물 이상의 세계가 보인다. 줄기에서는 희고 점성이 있는 유액이 흐르며, 잎은 두텁고 단단하고 두 잎이 서로 마주나며 자란다. 종마다 잎의 크기와 질감이 크게 달라 같은 호야라도 전혀 다른 식물처럼 느껴지기도 한다.

호야의 가장 흥미로운 점은 자라는 방식이다. 대부분 상록성 덩굴로 가지가 자연스럽게 늘어지거나 지지대를 타고 올라간다. 야생에서는 나무에 붙어 사는 착생식물이지만, 양분을 빼앗지 않는 비기생적 방식으로 살아간다. 공기 중 습기와 빗물, 낙엽이 분해되며 생기는 영양만으로도 잘 자라는 이유가 여기에 있다.

환경에 대한 적응력도 뛰어나다. 바위틈에서 자라는 암생형, 부드러운 낙엽층에 뿌리를 내리는 지생형, 고목 속 빈 공간에 자리 잡는 수간공동형까지 서식 환경에 따라 모습이 달라진다. 이런 유연함은 호야가 공간을 가리지 않고 잘 자라는 식물이라는 점을 보여준다.

분포 지역을 보면 호야의 다양성이 더 이해된다. 동남아시아 열대우림부

터 해안가 맹그로브 숲, 고산지대
안개림까지 매우 넓은 환경에 걸
쳐 있다. 특히 인도차이나반도에
서는 지금도 새로운 종이 발견된
다. 다양한 기후와 지형 속에서 진
화한 덕분에 호야는 잎과 줄기, 생
육 습성에서 독특한 개성을 갖추
게 되었다.

학자들은 오랜 시간 꽃과 잎
의 특징을 기준으로 호야를 여러
그룹으로 나누어왔다. 최근에는
DNA 분석이 도입되며 종 사이 경
계가 생각보다 복잡하다는 사실도
밝혀지고 있다. 그만큼 호야는 아
직도 탐구해야 할 부분이 많은 식
물이다.

호야는 다양한 환경에서 자신만
의 방식으로 삶을 개척해온 식물이
다. 어떤 공간에서도 스스로 자리를
찾아가는 생태적 매력이 호야를 더
욱 특별한 존재로 만든다.

착생형

암생형

지생형

수간공동형

호야의 매력

잎에서 발견하는 호야의 깊은 아름다움

우리는 대개 꽃의 아름다움에 먼저 마음을 빼앗긴다. 장미를 보아도, 백합이나 목련을 감상할 때도 시선은 자연스럽게 꽃으로 향한다. 짙은 향기와 화려한 색, 한순간에 피어나는 생명의 형상이 감상 중심이 되기 때문이다.

호야도 마찬가지다. 처음에는 독특한 구조와 향기를 가진 꽃이 호야의 매력을 대표한다. 그러나 시간이 흐르면 시선은 조금씩 잎으로 확장된다. 꽃만으로는 다 설명되지 않는 또 다른 세계가 잎에 숨어 있기 때문이다.

호야 잎이 특별한 이유는 단순히 예쁘기 때문이 아니다. 잎에는 그 식물이 어떤 환경에서 살아왔는지, 어떤 방식으로 생존해왔는지가 고스란히 기록되어 있다. 건조한 지역에 뿌리를 둔 종은 수분을 오래 머금기 위해 두터운 다육질 잎을 만들었다. 숲의 약한 빛 속에서 자라는 종은 넓고 평평한 잎을 취해 빛을 최대한 받아들였다. 바위나 나무줄기에 붙어 사는 종은 몸을 지탱하기 위해 잎을 가죽처럼 단단하게 진화시켰다. 잎 형태는 그 식물이 걸어온 시간을 고스란히 품은 결과물인 셈이다.

형태와 무늬 역시 놀라울 만큼 다양하다. 하트형, 바늘형, 꼬인 잎, 은빛 점(splash)이 흩뿌려진 잎 등 수백 종이 각기 다른 개성을 뽐낸다. 빛에 따라 잎 표면은 은가루처럼 반짝이기도 하고, 녹색이 은빛·분홍빛으로 바뀌며 미묘한 층을 만들어낸다.

또한 잎 가장자리에 무늬가 들어가는 복륜, 잎 중심부를 따라 밝은 무늬가 흐르는 중투처럼, 동양란에서 익숙한 무늬의 세계도 호야에서 발견된다. 무늬 위치와 농도, 잎 색과의 대비에 따라 같은 종이라도 전혀 다른 인상을 주며 잎을 감상하는 즐거움을 한층 넓혀준다.

이처럼 호야의 잎은 형태와 질감, 무늬의 변주가 어우러져 꽃 못지않은 독자적 미학을 만들어낸다.

위 / 은색 물감이 뿌려진 듯한 무늬
아래 / 복륜

호야에서는 보기 드문 중투(크래시페티오라타 var.)

정교함이 빚어낸
호야 꽃의 황홀한 세계

호야의 꽃은 다른 식물에서 보기 어려운 독특한 세계를 펼쳐 보인다. 작은 별 모양의 화관 위에 돔처럼 솟은 코로나가 얹힌 구조는 마치 정교하게 조각한 작은 조형물 같다. 왁스처럼 반짝이는 꽃잎 표면과 우산살처럼 둥글게 배열된 꽃차례는 호야를 특별한 식물로 만들어준다.

호야의 향기 또한 매력적이다. 밤이 깊어갈수록 짙어지는 향은 꽃 크기와는 무관하게 존재감을 드러낸다. 품종에 따라 바닐라, 초콜릿, 과일 향까지 다채롭다. 어떤 종은 한 송이만 피어도 공간 전체를 채울 만큼 강한 향을 내기도 한다.

그러나 호야 꽃의 진가는 단순한 아름다움 너머에 있다. 꽃의 구조 하나하나에는 열대와 아열대 환경 속에서 살아남기 위해 축적된 전략이 숨어 있다. 비교적 두터운 꽃잎은 높은 습도를 견디기 위한 보호막 역할을 하고, 코로나는 곤충이 꽃가루를 정확히 옮기도록 돕는 정교한 장치다. 여러 꽃이 한꺼번에 피는 우산형은 적은 에너지로 최대한의 곤충을 유도하기 위한 생태적 선택이기도 하다.

이런 다양성은 꽃이 만들어내는 표정의 차이로 이어진다. 어떤 꽃은 꽃잎이 뒤로 젖혀져 날렵한 인상을 주고, 어떤 꽃은 둥근 형태로 보석처럼 빛을 반사한다. 환경에 따라 색조가 미묘하게 변하기 때문에 같은 종이라도 매번 전혀 다른 분위기를 보여준다.

호야의 꽃은 조형미와 향기, 그리고 생태적 지혜가 어우러진 복합적인 아름다움을 지닌다. 그래서 호야를 기르는 사람들은 꽃이 피는 그 순간을 가장 기다린다. 한 번 개화를 경험하면 그 매력에서 쉽게 벗어날 수 없다. 작은 꽃 한 송이에 담긴 정교함과 향기의 깊이를 이해하는 순간, 호야라는 식물의 세계는 한층 넓고 풍부하게 펼쳐진다.

1 | 에리오스템마 속 Sect. Eriostemma

코로나리아 Hoya coronaria

코로나리아

말레이시아·인도네시아·싱가포르 지역이 원산지로, 고온에서 특히 잘 개화하는 품종이다. 국내에서는 장마철부터 7~8월 혹서기 사이에 꽃이 피며 은은한 민트 향이 매력적이다.

꽃 색은 크림색·연노랑·연핑크 등 다양하고 잎에는 무늬가 없지만 배양 중 은색 점이 드러나는 경우도 있다.

마리에 Hoya mariae

필리핀 루손섬이 원산으로, 달콤한 향이 특징이며 특히 밤 10시~자정 사이 향기가 가장 짙다.

꽃 색은 크림 · 노랑 계열이 기본이며, 노란 바탕에 붉은빛이 더해져 짙은 오렌지색으로 보이는 개체도 있다. 고온다습한 환경을 좋아하며 한국에서는 한여름에 개화하는 편이다.

마리에

3 | **펠토스템마 속** Sect. Peltostemma

카우다타 Hoya caudate

태국 남부와 말레이반도, 싱가포르, 인도네시아, 보르네오 등 동남아 전역에서 발견되는 품종으로, 털북숭이 꽃으로 잘 알려져 있다. 잎은 매우 단단하고 짙은 녹색 바탕에 은색 점이 박혀 있다. 강한 빛을 받으면 붉은 보호색이 더해져 감상 가치가 높아진다. 성장은 더딘 편이다. 25~28℃에서 가장 잘 자라지만 고온 · 과습에는 약한 특성을 보인다.

카우다타

데이비드쿤밍이|Hoya davidcummingii

　필리핀 루손 화산지대가 자생지로, 환경 적응력이 좋아 안정적으로 자라는 품종이다.

　꽃 색은 연노랑 · 살구 · 주황까지 폭넓게 나타나며, 캐러멜 향과 달콤한 향이 섞인 복합적인 향기가 특징이다.

데이비드쿤밍이

라쿠노사 Hoya lacunosa

인도네시아·말레이시아·라오스·베트남에 자생하는 품종으로, 작고 우산처럼 모여 피는 꽃이 특징이다.

배양이 쉬워 입문자에게 적합하며 꽃에서는 백합과 들꽃이 섞인 향이 난다. 늦은 저녁에는 향기가 더욱 짙어지며, 은은한 계피 향이 감도는 점도 매력적이다.

라쿠노사

라시안타 Hoya lasiantha

말레이시아와 보르네오섬이 자생지로, 나팔 모양의 독특한 꽃 때문에 마니아층에서 희귀종으로 취급된다.

꽃은 노란색에 흰 솜털이 돋는 모습이 특징이며, 잎은 비교적 크고 간혹 은색 반점이 나타난다. 꽃이 크고 화려함에도 불구하고 향은 매우 약한 민트 계열로 은은하게 느껴진다.

라시안타

코리아세아 Hoya coriacea

코리아세아

태국 · 말레이시아 · 인도네시아가 원산지다. 연노랑 꽃 그리고 다양한 잎 변이로 수집가들 관심을 끄는 품종이다. 생장도 빠르다.

꽃은 감귤 향에 달콤함이 더해진 상쾌한 향수 같은 향이 특징이다. 개화는 보통 5~7일 지속되며, 개화 후 3~5일 사이 저녁 무렵에 향기가 가장 짙다.

8 | **섹션 호야 속** Section Hoya sect.

카르노사 Hoya carnosa

호야를 대표하는 기본종으로 타이완 · 일본 남부 · 인도차이나 · 말레이시아 · 호주 북부까지 폭넓게 분포한다. 실내 식물로 인기가 높으며 다양한 무늬종과 교배종이 존재한다.

꽃은 달콤하며 상쾌한 향을 낸다. 배양이 매우 쉽다는 점이 큰 장점이다.

성욱이 Hoya sungwookii

베트남 고유종으로, 2023년 발견돼 2024년 공식 등록된 신종이다. 흰색 꽃과 녹색 화관이 조화를 이루는 독특한 형태가 특징이다.

성욱이

상쾌한 과일 향과 달콤한 꽃향기가 어우러진 복합 향기가 나며, 25~30℃에서 지속적으로 개화한다. 화기는 약 7일이며, 잎은 타원형으로 길쭉하고 전면에 은색 점이 뿌려진 듯한 무늬가 나타난다. 원종은 은색 점이 살짝 점으로 찍혀 있는데, 변이종은 은색 점이 커져 마치 무늬가 번진 형태를 띤다.

멀티플로라 Hoya multiflora

덩굴형이 아닌 관목형(수풀형) 호야의 대표 종으로, 중국 운남성부터 말레이시아 · 인도네시아 · 라오스 · 베트남 · 방글라데시까지 폭넓게 분포한다. 해발 500~1,000m 수풀 지대에서 자생한다.

가장 큰 특징은 뒤로 젖혀지는 흰 · 노란 꽃잎과 앞으로 돌출된 코로나로 마치 혜성이 지나가는 듯한 형태를 띤다. 달콤한 감귤 향이 난다. 배양은 비교적 쉬우나 28℃ 이상 고온과 10℃ 이하 저온을 피하는 관리가 중요하다.

멀티플로라

케리아이 Hoya kerrii

케리아이

하트 모양 잎이 유명한 품종으로, 태국 · 라오스 · 베트남 · 캄보디아 · 말레이시아 · 인도네시아에 넓게 자생한다. 잎이 매우 단단해 건조에 강하지만 성장 속도는 느린 편이다. 다양한 무늬 변이가 개발되어 시중에 유통되고 있다. 꽃은 흰색 또는 핑크색을 띠고 은은한 민트 향이 난다.

퍼블리칼릭스 Hoya pubicalyx

필리핀 원산으로 가장 활발히 교배에 사용되는 종 중 하나다. 덩굴성이며 생육 속도가 빠르고 꽃도 크기 때문에 다양한 하이브리드가 탄생했다. 꽃 색은 자주 · 핑크 · 보라 계열로 폭넓게 나타난다.

모카커피나 초콜릿 같은 달콤한 향
이 특징이다. 강건하고 재배가 쉬워
지속적으로 개화를 즐길 수 있는 품
종이다.

퍼블리칼릭스

리네아리스 Hoya linearis

일반적인 호야가 아열대에 자생하는 것과
달리 이 품종은 네팔 · 부탄 · 인도 북부 히말
라야 산악지대가 원산지다. 서늘하고 건조한
환경을 좋아해 15~24℃에서 가장 잘 자라며
30℃ 이상에서는 잎 손상이나 생장 장애가
나타난다. 한국에서는 여름철 선선한 관리가
필수다.

리네아리스

꽃은 흰색과 크림색이며 레몬 향에 달콤함이 더해진 느낌으로 환경에 따라 바닐라 아이스크림 향이 나기도 한다. 배양은 까다롭고 성장과 증식이 느린 편이다.

엘리프티카 Hoya elliptica

타원형 잎과 뚜렷한 잎맥 무늬가 특징으로, 거북등 호야라 불린다. 태국·말레이시아·인도네시아·보르네오·필리핀의 저지대 자생종이다. 강건하여 다양한 환경에서 잘 자라고 쉽게 개화한다.

꽃은 흰색 바탕에 붉은 코로나가 인상적이다. 과일 향에 달콤함이 더해진 향기가 호야 중에서 손꼽힐 만큼 뛰어나다.

엘리프티카

달걀형 잎에 은빛 점이 살짝 뿌려진 매력적인 품종이다. 잎은 단단하지만 성장이 빠르고 배양이 쉬운 편이다. 인도네시아·말레이시아 저지대가 자생지이며 크고 화려한 핑크색 꽃이 핀다. 초콜릿 또는 캐러멜 같은 달콤한 향이 난다.

오보바타

오스트랠리스 Hoya australis

호주 전역과 남태평양 도서 지역에 자생한다. 높고 건조한 환경에 적응된 종으로, 배양이 쉽고 성장 속도도 빠르다.

꽃은 흰색 또는 크림색의 큰 공 모양으로 핀다. 달콤하고 벌꿀 향이 비교적 강한 편이다. 향은 특히 밤에 더 짙어진다. 한국에서도 봄부터 여름까지 연속적으로 개화해 대중적 인기가 높은 품종이다.

오스트랠리스

임페리아리스 Hoya imperialis

　호야 중 가장 큰 꽃을 가진 종으로 자주 · 핑크 · 흰색 등 다양한 화색과 웅장한 형태가 특징이다. 꽃은 지름 약 10cm로 동남아시아 저지대에 넓게 자생한다.

　일반적으로 큰 꽃일수록 화기가 짧지만, 이 품종은 꽃이 크면서도 약 보름간 지속되어 인기가 높다. 달콤함에 민트가 살짝 섞인 향기가 난다.

임페리아리스

이그노라타 Hoya ignorata

　호야 중 가장 작은 꽃을 피우는 종으로, 2011년에 학회에 공식 등록되었다. 동남아시아 저지대 전역에 넓게 자생하지만, 눈에 띄지 않을 만큼 작은 꽃 탓에 최근에야 신종으로 인정되었다. 향기는 은은하게 달콤한 수준이다.

이그노라타

아쿠미나타 Hoya acuminata

아쿠미나타는 라틴어로 끝으로 갈수록 가늘어지는 뾰족한 형태를 뜻하며 첨탑을 연상시키는 꽃의 모습을 잘 표현한 이름이다. 자생지는 히말라야 인근과 인도 북동부다. 고온에는 약하지만 습윤하고 서늘한 환경에서 잘 자란다. 20~25℃에서 개화가 안정적이며 낙화도 거의 없다.

달콤한 감 향이 특징으로, 특히 저녁 무렵 향기가 더 매력적이다.

아쿠미나타

칭훈겐시스 Hoya chinghungensis

중국 남부·미얀마·태국 북부의 해발 1,000~1,500m 고산지대에서 자생하며 작은 하트형 잎이 촘촘하게 자라는 모습이 매력적이다. 실내에서는 행잉 분에 걸어 키우면 늘어지는 잎을 감상하기 좋다.

꽃은 흰색 바탕에 붉은 코로나가 인상적이며 달콤한 향을 풍긴다. 고산
지대 종이므로 여름철 선선한 관리가 배양의 핵심이다.

투아티엔후엔시스Hoya thuathienhuensis

가늘고 여린 잎과 뾰족하게 반전된 꽃잎이 특징인 종으로, 2017년 베트
남 중부에서 발견되어 신종으로 등록되었다. 베트남 옛 수도 훼(Hue)에서
발견된 것을 기념해 명명되었다. 꽃은 연한 핑크 또는 연한 크림색을 띠고
투명한 미색 코로나가 아름다움을 더한다.

20~30℃에서 잘 자라며 공중 습도가 높은 환경을 선호한다. 아직 개체
수가 적어 마니아층 중심으로 거래되며 달콤한 감 향이 난다.

빌로사 Hoya villosa

히말라야부터 동남아 아열대까지 폭넓게 분포하며, 강건하고 배양이 쉬운 품종이다. 꽃은 흰색 또는 연노랑 바탕에 핑크빛 코로나가 돋보이며, 개화하면 둥근 공 모양을 이룬다.

달콤한 감 향이 나며 온도가 높을수록 향이 짙어진다. 20~30℃에서 생육이 우수하다.

파치클라다 Hoya patchylada

파치클라다

여러 잎 무늬 변이로 대중화된 품종이다. 그리스어 이름 뜻처럼 굵고 단단한 줄기가 특징이다. 잎도 두텁고 단단하여 성장이 느린 편이다. 태국·라오스·베트남·캄보디아에 자생한다.

꽃은 크림색 화판에 핑크 또는 붉은 코로나가 어우러지고 매우 강하고 달콤한 향을 내는데, 간혹 초콜릿 향으로 느껴지기도 한다. 높은 습도와 25~30℃ 환경에서 가장 좋은 생육을 보인다.

록키 Hoya lockii

2011년 학회에 소개·등록된 품종으로 식물학자 판 케 록(Phan Ke Loc) 교수의 이름을 따 명명되었다. 베트남 중부 훼(Hue)의 해발 1,000m 이상 고산지대에만 서식하는 특산종이며, 자생지 관광 개발로 인해 등록 직후 멸종 위기종으로 지정되었다.

향기가 특히 뛰어나 낮에는 레몬·민트 향, 밤에는 달콤한 초콜릿 향을 풍긴다. 배양은 비교적 쉽고 24~30℃ 환경에서 잘 자란다.

록키

파지애 *Hoya paziae*

필리핀 원산으로, 대부분의 호야가 덩굴성인 것과 달리 스스로 직립해 자라는 관목형이 특징이다.

꽃은 흰색 오각별 모양의 화판과 중앙의 붉은 화관이 선명하고 작지만 강한 인상을 준다.

파지애

달콤한 감 향이 나며, 개화 후 약 일주일간 화기가 유지된다. 실내 배양에
적합한 종으로 관리도 비교적 쉽다.

마피게라 Hoya Mappigera

말레이시아 · 태국 · 보르네
오의 저지 늪지대에 자생하는
희귀종이다. 이름 mappigera
는 라틴어 '천(mappa)'과 '나르
다(-ger)'에서 유래했으며, 줄
기에 걸린 천처럼 보이는 꽃
형태에서 비롯되었다.

꽃은 크고 독특한 형태를
지니며, 3~5일간 화기가 유지
된다. 향은 거의 없고 아주 약
한 감 향만 느껴진다. 잎은 꽃
에 비해 작고 얇으며 여린 편
이다. 28~30℃ 고온에서 가
장 잘 자라지만 성장 속도는
느리다.

마피게라

클로로레우카 Hoya Chloroleuca

파푸아뉴기니 저지대에 자생하는 희귀종으로, 순백의 꽃과 녹색 화관 대비가 돋보인다. 화구는 3cm 미만으로 작지만, 미관이 뛰어나다. 약하게 달콤한 레몬 향을 풍긴다. 25~28℃, 습도 60% 이상에서 가장 좋은 생육을 보인다.

클로로레우카

에리트리나 Hoya Erythrina

태국 · 말레이시아 · 베트남에 자생하는 희귀종으로, 잎은 강한 빛에 노출 시 붉은 보호색이 나타나 단풍처럼 보인다. 지속적인 강한 햇빛은 일소를 유발해 관상미를 떨어뜨릴 수 있어 주의가 필요하다. 고온 · 다습한 환경에서 잘 자라며 꽃은 노란색에 부드러운 털이 돋아난 형태를 띤다. 달콤한 귤 향이 특징이며 화기는 약 1주일 정도다.

● 에리트리나 닥락 var. Hoya Erythrina var. Daklak var.

에리트리나 var.

호야 에리트리나 특징을 그대로 지니면서도 깊은 황복륜의 심대복륜[2] 무늬가 나타나는 매우 희귀한 변이종이다.

필자가 보유하고 있다는 소문이 알려져 태국·베트남의 호야 전문 딜러들이 고가로 분양을 요청할 정도로 가치가 높은 품종이다. 현재는 절종을 막기 위해 필자가 직접 증식 중이다.

에리트리나 var. 닥락 var.

크라시페티올라타 var. Hoya crassipetiolata var.

2017년 베트남 중부 다낭 인근 숲에서 발견되어 학회에 등록된 베트남

2 복륜무늬가 아래까지 깊게 들어 있다는 의미

고유 희귀종이다. 꽃은 크림색이며 개화 후 약 1주일간 화기가 유지된다. 향은 달콤하지만 비교적 은은한 편이다. 원종 자체도 드문데, 이 개체는 고정된 중투 무늬까지 발현된 매우 희귀한 변이형이다.

크라시페티올라타 var.

호야와 함께 써내려간
나의 이야기

호야 성욱이 이야기

　호야는 필자가 오랫동안 즐겨 기르던 반려식물이다. 베트남 고산지대나 해안 숲을 산행할 때마다 가장 먼저 눈에 들어오는 식물도 늘 호야였다. 그래서 호야에 대한 애정은 깊었지만, 설마 내 이름을 딴 호야가 학계에 등록될 것이라고는 한 번도 상상해본 적이 없었다. 그런데 그 상상조차 하지 않았던 일이 현실이 되었다.

　어느 날, 베트남 중남부 휴양지 나트랑(냐짱) 근교를 산행하던 중 필자의 발길을 붙잡은 식물이 있었다. 지금까지 보아온 어떤 호야와도 달랐다. 잎의 질감과 배열, 빛을 머금은 색감은 물론이고 꽃의 크기와 형태까지 기존 종들과 뚜렷하게 구별되었다. 단순한 변이일까 아니면 전혀 다른 종일까. '혹시?' 하는 생각이 스쳤다. 그 자리에서 사진과 표본을 채집해 세계 식물협회에 검증을 의뢰했다.

　필자는 난초를 연구하며 신종 판정이 얼마나 까다로운 일인지 잘 알고 있다. 몇 년씩 걸리는 검증은 흔한 일이고 새로운 종으로 인정받지 못하는 경우도 많다. 그래서 큰 기대는 하지 않았다. 그러나 놀랍게도 그 호야는 단 6개월 만에 정식 신종으로 인정받았다.

　나트랑(냐짱) 숲에서 만난 그 호야는 기존에 알려진 종과 뚜렷이 구별되는 특징을 지니고 있었다. 비슷한 종으로 비교된 호야 오블롱가큐티폴리아와 달리 꽃자루에는 털이 전혀 없고 꽃의 지름도 더 작아 섬세한 인상을 주었다. 꽃받침은 보랏빛을 띠는 비교 종과 달리 연한 녹색 바탕에 미세한 섬모가 있어 형태와 색감 모두에서 차이가 뚜렷했다. 잎 역시 독특한 개성이

있었다. 잎 표면에 은색 스팟이 고르게 퍼져 있어 전체가 녹색인 기존 종과
는 전혀 다른 분위기를 풍겼다. 꽃과 잎에서 드러난 이러한 차별성이 학회
에서 인정되며 호야 성욱이(*Hoya sungwookii*)는 정식 신종으로 등록되었다.

숲을 오가며 쌓인 작은 관찰들이 한 식물의 완성으로 이어질 줄은 몰랐
다. 그 경험은 식물을 바라보는 나의 마음을 한층 더 깊게 만들었다.

Fig. 1. *Hoya sungwookii*: A – plant in natural habitat in *locus classicus*; B – fresh flattened flowering plant; C – flattened shoot of plant in cultivation; D – intact inflorescences; E – spotted and uniform green leaves, adaxial and abaxial side; F – separated inflorescence; G – separated flowers, side view; H – pedicels with calyx and ovary; I – calyx and ovary; J – flower, frontal view; K – corolla, view from below; L–N – corona, views from above, from side, and from below; O – sagittal section of corona and ovary. Photos by Van Canh Nguyen and Ba Vuong Truong from plant used for the preparation of the holotype specimen VNM 00070356, photo correction and design by L. Averyanov and T. Maisak.

호야 상세 해부도

호야 성욱이

호야 성욱이와

호야가 열어준 새로운 길

필자가 호야의 세계에 깊이 빠져든 것은 10년 전, 베트남 생활을 시작하면서였다. 당시 나는 베트남 고원지대 부엔마톳(BMT)의 야생 벌보필름을 찾아 매주 산을 올랐다. 그 과정에서 식물학자 깐 박사를 만나 자연스럽게 호야의 진짜 매력을 알아가기 시작했다. 깐 박사의 집 정원에는 작은 호야 정원이 따로 꾸며져 있었는데, 우리는 그곳에 앉아 차를 마시며 야생 난초와 호야를 비교하는 이야기를 나누곤 했다.

깐 박사는 평소 난초와 동백 연구에 몰두했을 뿐 호야는 크게 다루지 않았다. 정원을 호야로 가득 채운 사람은 그의 동생 크엉이었다. 크엉은 가장 사랑하는 식물인 호야로 공간을 디자인하는 정원 설계가였다. 호야만 전문으로 즐기는 수집가층이 두텁다는 것도 크엉을 통해 처음 알게 되었다.

베트남에서의 생활은 또 다른 인연을 만들었다. 장인어른은 전쟁 직후 무일푼으로 부엔마톳에 정착해 대규모 커피 농장을 일군 살아 있는 전설 같은 분이었다. 하지만 넉넉한 가정환경 탓에 처남은 한동안 일과 미래에 큰 관심이 없었다. 나는 처남에게 난초를 가르치며 "잘 키우면 작품이 되고 가치가 생긴다"라고 설명했다. 처남은 난초의 아름다움과 그로 인한 성취감을 알아가며 술과 게임에서 자연스레 멀어졌다. 이후 가정을 이루며 이전과는 전혀 다른 삶을 살아가기 시작했다.

그 무렵 나는 처남에게 호야도 건네주었다. 우리는 태국의 유명 호야 농장을 찾아가 품종과 배양법, 교배의 흐름도 배웠다. 그리고 장인어른의 커피 농장 한편에 우리만의 호야 정원을 만들었다.

호야는 사람을 잇고 삶을 움직였으며 낯선 곳에서 나를 지켜준 조용한 벗이었다. 지금도 호야의 이름을 떠올리면 숲의 향기와 웃음소리가 겹쳐진다. 그리고 정원 한편에서 별처럼 피어 있던 작은 꽃들이 조용히 되살아난다.

깐 박사(Nguyen Van Canh PhD)와 함께

호야 크라시페티올라타 var.의 추억

2016년, 깐 박사의 동생 크엉이 포함된 식물 탐사대는 베트남 중부 지역에서 새로운 호야 한 종을 발견했다. 이 신종은 2017년 국제 학회에 호야 크라시페티올라타(*Hoya crassipetiolata*)로 공식 등록되며 학계의 주목을 받았다.

그런데 시간이 지나 2021년, 크엉에게서 다시 연락이 왔다. 자신이 배양 중이던 그 희귀종에서 중투 무늬가 안정적으로 나타났다는 소식이었다. 한두 장이 아닌, 여러 잎에서 동일한 패턴이 반복되는 고정 변이였다.

나는 그 귀한 중투 개체를 분양받아 부엔마톳의 처남에게 맡겼다. 하지만 예상과 달리 증식은 좀처럼 이루어지지 않았다. 변이종 중에서도 중투 개체는 녹색 조직보다 무늬 조직이 넓어 광합성과 자라는 힘이 떨어지기 때문에 안정적인 증식이 쉽지 않다.

나는 그 개체를 직접 호치민 집으로 가져와 관리하기 시작했다. 소독한 가위로 삽수를 채취해 물꽂이를 했다. 시간이 지나자 절단 부위에서 뿌리가 내리기 시작했다. 발근에 성공한 뒤에는 삽목도 순조롭게 이루어졌다. 새로 돋은 잎에서도 동일한 중투 무늬가 확인되었다. 고정 변이는 하나의 새로운 변이 계통이 될 가능성을 보여주었다. 새 개체가 안정적임을 확인한 뒤 나는 다시 크엉에게 일부를 되돌려주었다. 이 변이종이 절종될 일은 없을 것이라며 말이다. 하나의 호야 변이가 세상에 남게 된 순간이기도 했다.

크라시페티올라타 var.

현재 이 중투 크라시페티올라타는 태국의 전문 딜러들을 통해 장당 수백 달러에 거래되고 있다. 한국에는 아직 공식적으로 유통되지 않았지만 향후 수입 시 통관·검역 절차가 까다로운 만큼 더 높은 가격이 형성될 가능성이 크다.

희귀종 발견에서 변이 고정, 그리고 번식 성공에 이르기까지의 시간은 호야의 세계가 얼마나 깊고도 예측할 수 없는 감동으로 가득한지 다시 한번 깨닫게 해주었다.

호야 에리트리나 var. 닥락 var.

2017년, 말레이시아에서만 자생한다고 알려졌던 호야 에리트리나가 베트남에서도 발견되었다는 소식이 학계에 전해졌다. 그 자생지는 다름 아닌 베트남 닥락성의 중심 도시 부엔마톳 인근 산지였다.

에리트리나 무지종은 강한 빛을 받으면 고추가 가을볕에 붉게 익듯 잎 표면이 선명하게 발색되는 특징이 있다. 하지만 성장 속도가 매우 느려 증식이 어렵고, 이런 품종에서 무늬 변이를 찾는 일은 거의 불가능에 가깝다.

호야 에리트리나 무지

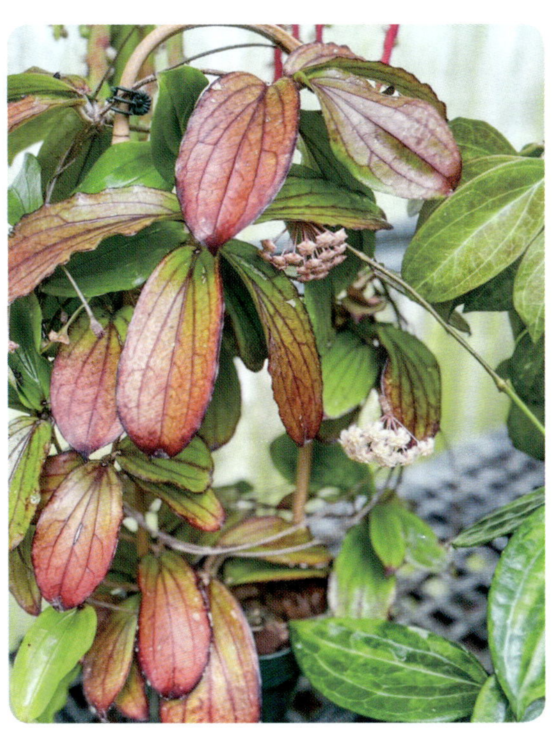

발색된 후 보호색을 띤 잎 색깔

그래서 2022년 말, 크엉이 자생지에서 에리트리나 잎 변이를 발견했다고 연락해왔을 때 나도 놀라지 않을 수 없었다.

크엉이 보내온 사진 속 식물은 우리가 알고 있던 에리트리나와 확연히 달랐다. 잎은 훨씬 두텁고 단단했다. 가장자리에는 노란빛 오레아 복륜이 선명하게 들어 있었다. 더욱 놀라운 점은 이 무늬가 신엽에서는 거의 보이지 않다가 시간이 지나 빛을 받으면 급격히 발색된다는 점이었다. 복륜 두께도 일정해 원예적 가치가 매우 높았다.

우리는 이 개체가 말레이시아 등록종과는 다른 아종일 가능성이 높다고 보고 호야 에리트리나 var. 닥락(*Hoya erythrina var. Daklak*)이라 이름 붙였다. 그리고 두터운 노란 복륜을 가진 변이는 다시 닥락 var.로 구분했다. 새로운 변이로 학회에 등록하기에는 자생지 개체수가 턱없이 부족했다. 우선 과제는 증식을 안정시키는 일이었다. 그렇게 이 귀한 개체는 내 손에 맡겨졌다.

필자 아파트에서의 배양은 쉽지 않았다. 고산에서 자라던 야생 개체가 해발 50m도 되지 않는 환경에 적응하기란 어려웠다. 특히 두터운 복륜 때문에 엽록소도 적어 성장도 더뎠다. 하지만 1년, 2년의 세월이 지나자 마침내 이 녀석이 힘을 내기 시작했다. 잎은 커지고 줄기는 곧게 뻗으며 안정적인 생장을 보였다. 새잎에서도 복륜 무늬가 정확히 고정되면서 비로소 안도의 숨을 내쉴 수 있었다.

나는 기쁜 마음으로 SNS에 사진을 올렸다. 그 순간부터 태국과 베트남 수집가들이 분양해달라며 연락을 몰아오기 시작했다. 아직 학회에 등록되지 않은 신종 변이의 증식 성공 소식은 그만큼 큰 반향을 일으켰다. 하지만 나는 크엉과의 약속을 떠올렸다. 절종되지 않도록 우선 증식하고 다시 자생지로 돌려보내는 것을 말이다. 그래서 지금도 모든 유혹을 뒤로하고 안정적인 증식에 집중하고 있다.

언젠가 부엔마톳 자생지 햇빛 아래서 노란 복륜을 환하게 띠고 자라날 호야 에리트리나 var. 닥락 var.를 다시 마주할 날을 기다리며 오늘도 이 작은 생명을 조심스럽지만 확신을 가지고 돌보고 있다.

호야 전문가 크엉(Mr. Nguyen Van Khuong)

에리트리나 var. 닥락 var.

어디에 심어야
잘 자랄까

 호야는 착생식물이라 뿌리가 흙 깊숙이 박혀 있지 않아도 잘 산다. 오히려 공기와 자주 맞닿는 환경에서 더 건강하게 자란다. 그래서 배양토를 고를 때 가장 중요한 기준은 통기성과 배수성이다.

필자가 호야를 배양하며 가장 안정적이라고 느낀 배양토 배합은 다음과 같다. 소성 난석 50%에 부엽·코코칩·펄라이트·피트모스 등을 섞은 혼합토 50%를 더하는 방식이다.

화분 소재는 플라스틱이든 토분이든 크게 상관없다. 다만 호야는 덩굴성 식물이기 때문에 높이 걸어두는 화분에서 특히 잘 자란다. 아래로 늘어진 잎과 줄기가 통풍과 빛을 고르게 받아 생장과 개화를 돕는 것이다.

호야를 건강하게
기르는 법

호야는 착생식물 성향을 지니면서도 다양한 환경에 적응

해온 식물이다. 그래서 관리가 까다롭지 않다. 대신 몇 가지 핵심 원리를 이해하면 한층 풍성한 잎과 꽃을 즐길 수 있다.

1 | 온도 / 습도 / 빛 관리

호야의 최적 생장 온도는 18~28℃다. 10℃ 이하에서는 생장이 멈추고 냉해 피해가 생길 수 있다. 습도는 50~70%가 적당하다. 건조한 겨울철에는 잎끝이 마르기 쉬우므로 가벼운 엽면 스프레이만으로도 생육이 안정된다.

호야가 가장 안정적으로 자라는 빛은 밝은 간접 광이다. 햇빛이 부드럽게 스며드는 공간일수록 잎의 윤기와 무늬가 선명하게 유지되며 새 줄기 끝에서 꽃대가 오를 가능성도 높아진다. 직사광선은 잎이 탈 수 있고 너무 어두우면 잎만 무성하고 꽃 분화가 이루어지지 않는다. 조도는 5,000~7,000lux를 유지하는 게 좋다.

2 | 물주기

호야는 다육질 잎을 통해 수분을 저장한다. 그래서 가장 큰 적은 과습이다. 겉흙이 마른 직후 바로 물을 주기보다 하루 정도 더 말린 뒤 관주하는 것이 뿌리 건강에 훨씬 좋다.

계절별 물주기 감각은 다음과 같다.

봄 | 주 1회

여름 | 주 2회(생장기-증산량 증가)

가을 | 주 1회

겨울 | 2주에 1회(휴면기에 가까움-과습 주의)

3 | 비료

시비는 목적에 따라 달라진다. 삽목으로 증식을 원한다면 하이포넥스 액비를 2,000:1로 희석해 월 2회 엽면시비하여 초기 생장을 촉진하는 것이 좋다. 꽃을 피우는 것이 목적이라면 무질소 하이포넥스 0:6:4 액비를 2,000:1로 희석해 월 2회 시비하면 안정적인 개화에 도움이 된다.

4 | 병충해 예방

필자가 20년 가까이 호야를 키워온 경험으로 보았을 때 호야는 병해가 거의 없는 식물이다. 탄저병이나 줄기 부패, 곰팡이성 질병이 잘 생기지 않는다. 즙액에 약성이 있어 진딧물 피해도 드물다. 다만 고온 · 건조한 환경에서는 응애가 발생할 수 있으므로 주의해야 한다. 특히 봄철과 장마 후 혹서기에는 비오킬 1:1 희석액을 월 1회 정도 잎의 앞 · 뒷면에 고르게 분무하면 예방 효과를 볼 수 있다.

5 | 꽃 피우기

호야의 꽃은 보통 4월에서 8월, 새 줄기 끝이나 덩굴 끝에서 올라온다.

꽃이 진 뒤에도 꽃줄기를 자르지 않는 것이 중요하다. 그 자리에서 다음 꽃대가 다시 만들어지기 때문이다. 한 가지 기억할 점은 호야가 정해진 계절에만 꽃을 피우는 식물이 아니라는 점이다. 온도·습도·빛이 안정적으로 유지되면 가을이나 겨울에도 개화한다.

필자의 경험으로 볼 때 충분한 빛과 약간 건조한 환경이 갖춰지면 개화 확률이 눈에 띄게 올라갔다. 호야의 꽃은 노력보다 환경의 완성도가 더 많은 부분을 결정한다.

호야를 잘 기른다는 것은 식물이 좋아하는 환경을 꾸준히 유지해주는 일이다. 이 기본만 지켜도 호야는 사계절 건강하게 자라며 어느 날 조용히 꽃으로 보답한다.

새 생명을 만드는 호야 증식법

호야는 비교적 쉽고 안정적으로 증식할 수 있는 식물이다. 건강한 줄기를 한두 마디 길이로 나누어 물에 담가두면 2~3주 후 발근이 시작된다. 물은 이틀에 한 번 갈아주어 부패를 막는 것이 중요하다.

뿌리가 나오기 시작하면 곧바로 흙에 심기보다 수태에서 한동안 안정시키는 것이 좋다. 수태는 적당한 수분을 유지하면서도 뿌리에 부담을 주지 않아 어린 개체가 스스로 자리를 잡는 데 큰 도움이 된다.

보통 한 달에서 한 달 반 정도 지나면 뿌리가 충분히 굵어진다. 그때 배양토로 아주심기를 하면 새로운 한 개체가 온전히 탄생한다.

호야 증식은 특별한 기술보다 조금의 시간과 꾸준함이 필요할 뿐이다. 작은 줄기 하나가 새로운 생명으로 뿌리내리는 이 과정은 호야를 기르는 즐거움 중 가장 큰 보람을 안겨준다.

물꽂이

수태에서 발근하기

물꽂이 후 약 15일 경과

PART 2

죽백란

죽백란은 간결한 아름다움과
단정한 선을 동시에 지닌 심비디움 계열 난초다.
화려함보다 절제된 아름다움을 추구하는 이들에게
죽백란은 좋은 답이다.

죽백란은
어떤 난초인가

죽백란(*Cymbidium lancifolium Hook*)은 심비디움 계열의 난초로, 길게 뻗은 벌브와 단단한 잎이 특징이다. 벌브 겉모습은 덴드로비움[3]과 닮았고 잎은 나도풍란 같은 팔레놉시스(호접란) 계열과 비슷하다. 하지만 그 속에는 심비디움 특유의 구조와 품격이 깃들어 있다. 중국에서는 잎이 토끼 귀를 닮았다 하여 토이란(兎耳蘭: 토끼귀란)이라 부른다. 베트남에서는 토끼란(lan kiêm lá giáo)이라 하고, 한국에서는 죽백란이라고 한다.

죽백란은 동양란 세계에서 신비로운 존재로 꼽힌다. 춘란, 혜란, 풍란, 한란처럼 익숙한 이름들 사이에서 오랫동안 잊힌 난초였는데 최근 중국과 타이완, 베트남에서 다시 주목받으며 새로운 주인공

도화(토끼 모습)

으로 떠올랐다.

　불과 몇 해 전까지만 해도 베트남 애란인들은 죽백란에 큰 관심이 없었다. 북부는 혜란, 남부는 양란, 중부는 덴드로비움을 즐기며 지역마다 취향이 달랐기 때문이다. 그러나 유행은 늘 새로운 것을 향한다. 타이완에서 근대 난문화가 꽃피고 춘란과 혜란, 일경구화 열풍이 지나자 애란인들 시선은 희귀하고 개성적인 죽백란으로 향했다.

　죽백란은 간결한 아름다움과 단정한 선을 동시에 지닌 심비디움 계열 난초다. 길게 뻗은 잎끝이 부드럽게 말리며 만들어내는 곡선은 달마형 혜란을 연상시키고 단아한 형태 속에서 깊은 품격이 느껴진다. 화려함보다 절제된 아름다움을 추구하는 이들에게 죽백란은 좋은 답이다.

자생지 은회엽에서 핀 도화

기후와 땅이 키운
죽백란의 품격

죽백란은 중국 운남성을 중심으로 타이완 고산지대, 일본 남부, 인도차이나반도(베트남·라오스·미얀마), 그리고 히말라야 지역까지 넓게 분포한다. 지도를 펼쳐보면 이 지역들이 마치 하나의 띠처럼 이어지는데, 공통적으로 고산지대의 서늘하고 습한 환경을 지니고 있다. 낮에는 약 25도, 밤에는 10도 정도로 기온 차가 크다. 이런 기후가 죽백란이 자라기에 가장 적합하다.

한국에서는 제주도에서 자생하고 있다. 예전에는 서귀포 일대 숲에서도 어렵지 않게 볼 수 있었지만, 1980년대 이후 무분별한 채집으로 대부분의 자생지가 사라졌다. 지금은 소수의 애란가들이 보호하며 명맥을 이어가고 있다. 제주 외 섬에서도 가끔 발견되지만 개체 수가 적어 자생지라 부르기는 어렵다. 현재 죽백란은 멸종위기 1급 식물로 지정되어 있다.

제주에서 자생하는 죽백란은 하얀 꽃이 피는 품종과 연한 초록빛 꽃이 피는 품종 두 종류가 있다. 겉모습은 비슷하지만 세부 특징에 차이가 있어, 큰 틀에서는 같은 죽백란이지만 아종으로 구분할 수 있다. 다만 한국의 개체 수가 너무 적어 정확히 구분하기는 쉽지 않다. 반면 베트남처럼 개체가 풍부한 지역에서는 이런 세밀한 구분이 비교적 수월하다.

주목할 점은 세계 곳곳에서 사랑받는 죽백란이 우리나라에도 자생한다는 사실이다. 중국과 동남아 고산지대에서나 볼 수 있는 난초가 제주도 숲 속에서도 뿌리를 내리고 있다는 건 놀라운 일이다. 비록 개체 수는 적지만

---

3 나무나 바위에 붙어사는 착생란. 줄기(벌브)가 길게 자라고 여기에 잎이 일정한 간격으로 달리며, 꽃은 줄기 마디에서 여러 송이가 핀다.

그 존재만으로도 한국 자연의 다양성과 생명력을 보여준다.

한국과 베트남에서 누구보다 많은 죽백란을 보유하고 연구해온 사람으로서 이 식물이 지닌 고요한 품격과 생명력을 더 많은 이들에게 전하고 싶다. 죽백란의 세계는 이제 막, 그 진짜 아름다움을 드러내기 시작했다.

베트남 자생지의 도화

산채 백화소심

베트남 자생지의 호피반

죽백란, 그 아름다움의 세계

죽백란의 아름다움은 단순히 희귀함에서 비롯되지 않는다. 그 본질은 잎의 질감과 색, 그리고 자연이 빚어낸 조화로움에 있다. 일반적으로 알려진 죽백란 잎은 초록빛이다. 하지만 베트남 북부 산지에서는 은빛이 도는 은회(銀灰)엽과 검은 벨벳처럼 빛을 흡수하는 마사(磨砂)엽 개체가 더해져 전혀 다른 세계를 보여준다. 이 세 가지 잎의 조합만으로도 죽백란은 동양란 가운데서 독보적인 개성을 지닌다.

특히 검은 벨벳엽(마사)은 손끝으로 느껴지는 미세한 거친 촉감 덕분에 보는 즐거움뿐 아니라 만지는 즐거움까지 더한다. 무늬가 없어도 잎 자체가 예술이 되는 식물이 죽백란이다. 자연 상태에서 초록잎과 은회엽, 혹은 은회엽과 마사(벨벳)엽이 교잡된 형태도 간혹 발견된다. 그 미묘한 색의 변화는 인간 손으로 흉내 낼 수 없는 자연의 예술을 보여준다.

꽃 역시 잎만큼이나 다양한데 기본적으로는 하얀 꽃이 핀다. 그러나 운남성과 베트남 북부 자생지에서는 연한 핑크빛 도화나 주황빛이 도는 주금화, 때로는 붉은빛 홍화까지 관찰된다. 이런 색 변이는 오랜 세월 자연이 스스로 빚어낸 기적과도 같다.

이처럼 다양한 잎과 꽃의 조합 덕분에 죽백란은 지금 중국과 타이완, 베트남 전역에서 폭발적인 인기를 얻고 있다. 무늬가 선명한 개체는 한 촉에 수백만 원에서 수천만 원에 거래될 정도로 희소가치가 높다. 이 열풍으로 인해 운남성 자생지가 급격히 줄어들었고 현재는 베트남 북부가 새로운 중심지로 떠오르고 있다.

죽백란은 단순한 식물이 아니다. 자연의 섬세한 손길이 만든 예술이자 인간의 탐구심을 자극하는 미의 결정체다. 그리고 그 세계는 지금도 여전히 확장되고 있다.

은희엽 중반·중압·중투호

은회엽 중반·중압·중투호

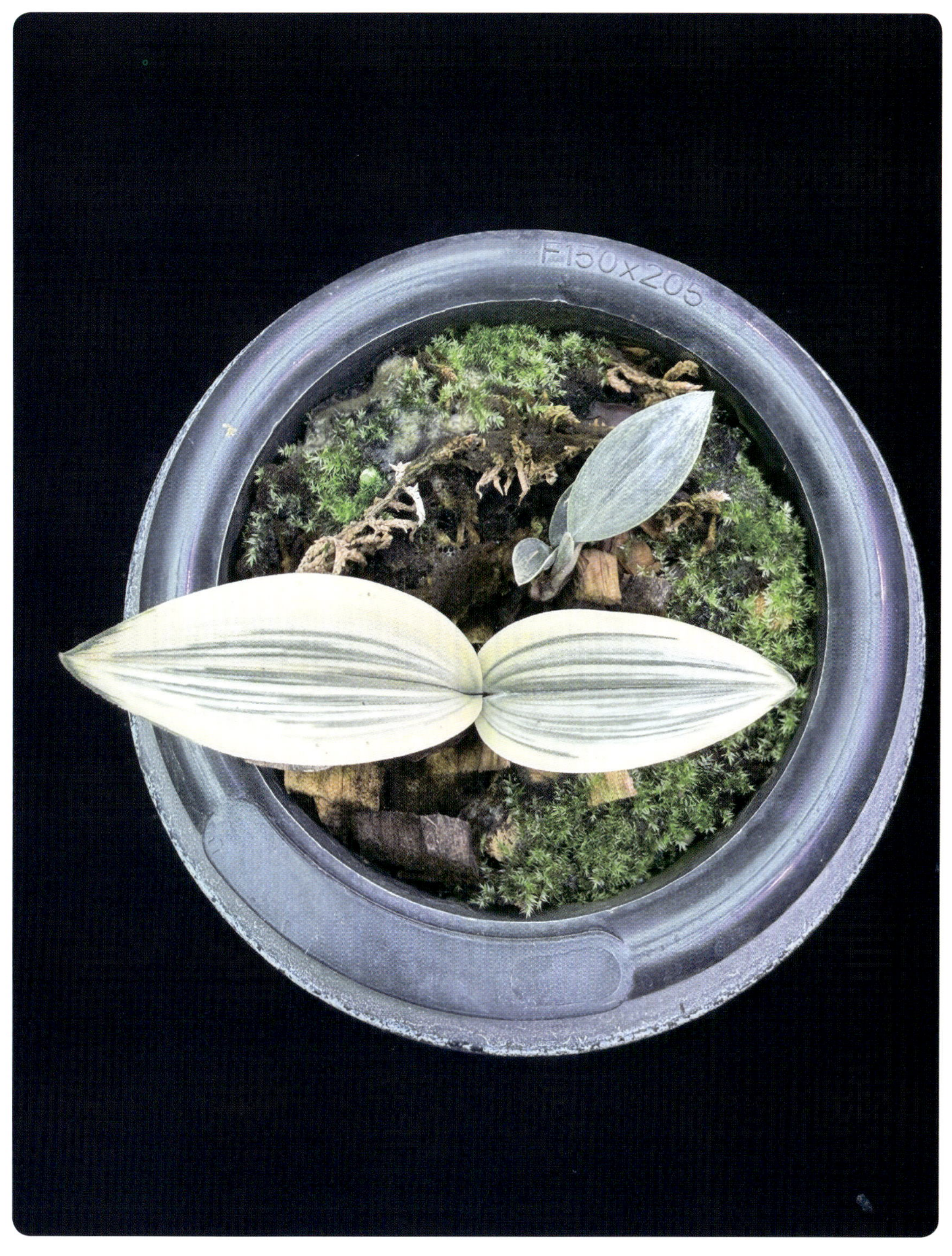

마사엽 삼광중투호

죽백란의
매력

2

　　죽백란 세계를 깊이 들여다보면 가장 먼저 마주하게 되는 것은 잎의 세계다. 겉으로 보기에는 심비디움 잎들이 모두 비슷해 보인다. 하지만 가까이 들여다보면 전혀 다른 세계가 펼쳐진다.

　가장 널리 알려진 녹엽(綠葉)은 자연 그대로의 생명력을 담은 잎이다. 푸른빛이 선명하고 질감은 비교적 얇고 부드럽다. 한국과 일본, 중국 운남성에서 발견되는 죽백란 대부분이 녹엽 계열이다. 우리가 오래전부터 알고 있던 죽백란의 첫인상을 만들어준 잎이기도 하다.

　그러나 산지에서 발견된 죽백란은 여기서 한 걸음 더 나아간다. 잎 색 속에 뿌연 은빛이 스며 있는 은회엽(銀灰)은 녹엽과 확연히 구분되는 품격을 보여준다. 마치 잎 위에 미세한 안개가 내려앉은 듯한 질감 덕분에 빛을 받을 때마다 잔잔한 은빛이 퍼진다. 후육질[4]이라 만져보면 묵직한 탄력이 느

---

4 살이 두툼하고 단단한 성질

녹엽

꺼진다. 무늬가 없어도 잎 자체만으로 감상의 대상이 되는 이유다.

　가장 희귀하게 여기는 검은 벨벳엽(磨砂, 마사)은 죽백란 세계를 한층 더 깊게 만든다. 언뜻 보면 짙은 녹색 잎처럼 보이지만, 빛을 흡수해버리는 듯한 무광의 질감은 다른 난초에서는 좀처럼 접할 수 없다. 손끝에 전해지는 아주 고운 사포 같은 느낌 역시 벨벳엽만의 고유한 특징이다. 순수한 벨벳엽은 자생지에서도 극히 드물어 애란인들이 평생 한 번 만날까 말까 한 귀한 품종으로 알려져 있다.

은엽(은회엽)

마사엽(검은 벨벳엽)

비교사진

　죽백란 잎은 때때로 이런 기본 잎들이 자연스럽게 섞여 새로운 모습을 드러내기도 한다. 녹엽과 은회엽이 교잡되면 은빛이 약하게 스며든 중간형 잎이 나타나고, 은회엽과 벨벳엽이 섞이면 표면에 미세한 돌기감이 생겨 벨벳엽 질감을 희미하게 닮는다.

　죽백란의 아름다움은 화려한 꽃보다 먼저 잎에서 시작된다. 잎 하나만으

로도 품격과 개성을 드러내는 죽백란은 다른 난초에서는 찾아보기 어려운
독보적인 매력을 지닌다.

마사엽 중반호

마사엽 전면 황산반

죽백란 감상의 또 하나의 핵심은 무늬다. 작은 잎사귀에도 자연이 새겨 넣은 선과 색의 흐름이 고스란히 담겨 있어, 이를 보는 것만으로도 죽백란의 생태적 역사와 성장의 흔적을 읽을 수 있다.

무늬의 기본은 잎 가장자리나 중앙에 새겨지는 산반이다. 흩뿌려진 듯한 무늬가 잎의 초록 바탕과 대비를 이루며 은은한 리듬감을 만든다. 산반은 때로 노랑, 때로는 은빛, 혹은 녹엽 위에 살짝 번져 올라오는 미묘한 백색으로 나타나는데, 이 작은 변화만으로도 한 촉의 가치가 크게 달라진다.

산반

녹엽 산반

마사엽 백서반

산반보다 진화한 형태가 호(무늬선이 한두 줄 들어간 형태)와 중투호다. 잎 중앙에 빛이 스며든 듯한 색감이 테두리 색과 대비되면서 잎 전체 인상이 밝아진다. 중투는 잎 세포층에 나타난 자연적 변이로 생육조건에 따라 색이 짙어지기도 흐려지기도 한다. 같은 개체에서도 잎마다 무늬의 폭과 농도가 달라 매번 새로운 얼굴을 보여주는 식물처럼 느껴진다.

녹엽 중투호

녹엽 중투호

　근래 중국의 죽백란 수집가들은 중투 계통 중에서도 삼광중투호와 중반을 최고 등급으로 평가한다. 잎 기부 아래에서 잎끝 방향으로 뻗어 올라오는 녹색의 가는 줄기(삼광)가 선명하게 나타나는 개체만을 골라 전문적으로 수집하고 선별 · 배양하고 있다.

　(삼광: 중투 무늬 속에 잎 아래에서 잎끝을 향해 녹색 선이 올라가는 형태, 중반: 삼광호 기부 녹색 선이 잎끝과 연결된 무늬)

은회엽 중반호

마사엽 후암성중투호

마사엽 삼광중반호

중압(中押) 역시 죽백란에서 빼놓을 수 없는 매력이다. 무늬가 잎 전체에 깊고 선명하게 스며들어 바탕색과 강한 명암 대비를 이루는 것이 특징이다. 특히 은회엽이나 마사엽에서 나타나는 중압 무늬는 그 자체가 하나의 예술 작품으로 평가받으며 귀한 대접을 받는다. 마사엽의 무광 질감 위에 황금빛이 번져오르는 모습은 자연이 오랜 세월 선택하고 남긴 극치의 변화라 할 수 있다. 검은 벨벳엽(마사)에서 나타나는 무늬종은 시장 가격을 논하기 어려울 만큼 희귀하다.

은회엽 삼광중반호

마사엽 중압호

마사엽 삼광중반·중압호

일반적으로 무늬 색과 바탕색 대비가 뚜렷할수록 가치가 높아지는 점은 다른 동양란과 마찬가지다. 다만 지역에 따라 선호가 조금 다르다. 베트남에서는 극황에 가까운 밝은 노란빛 무늬를 높이 평가하고, 중화권에서는 맑고 선명한 백색 무늬에 더 큰 가치를 부여하는 경향이 있다.

죽백란 무늬 안에는 빛과 온도, 습도, 그리고 세대를 거쳐 이어진 자연의 선택이 담겨 있다. 그래서 한 장의 잎만 보아도 그 식물이 자라온 환경과 시간을 읽을 수 있는 것이다. 죽백란을 감상하는 일은 자연이 그 잎 위에 남겨놓은 신비로운 기록을 읽어내는 일이다.

꽃으로 만나는 죽백란의 또 다른 세계

녹엽에서 핀 장원판 녹화

죽백란의 꽃도 잎 못지않은 매력을 지닌다. 한국과 일본에서 익숙한 죽백란 이미지는 하얗고 단정한 백화다. 좁은 화형에 선명한 화근이 들어가 동양란 특유의 고요한 아름다움을 보여준다. 그러나 베트남 북부와 중국 운남성 깊은 산지에 가보면 전혀 다른 세계가 펼쳐진다. 그곳에서는 연한 녹색의 녹화, 주황빛이 감도는 주금화, 분홍빛 도화색, 은은한 홍화까지 다양한 색화가 자연 상태에서 피어난다. 이는 오랜 시간 환경에 적응해온 죽백란의 진화가 만들어낸 결과다.

주금화

백록화

꽃의 형태 역시 지역마다 차이가 있다. 대부분은 심비디움 계열 특유의 구조를 따른다. 하지만 베트남과 운남성에서는 봉심이 살짝 벌어진 분소형이 많아 곤충이 꽃가루를 쉽게 옮길 수 있는 형태를 보인다. 반면 중국과 타이완에서는 봉심이 오므라들어 모자를 씌운 듯한 투구형 화형을 귀하게 여긴다. 같은 식물이라도 자연 환경과 사람들 취향에 따라 서로 다른 꽃의 미학이 형성된 것이다.

하화판(연꽃잎) 준색설

주금화

도화 삼설기화 무설점

춘란에서 볼 수 있는 백화소심이나 백화색설 같은 개채도 죽백란에서 볼 수 있다. 또한 녹화에 소심과 무설점 꽃도 있다. 소심은 꽃과 설판, 꽃대(화경)에 붉은색 점이나 색소, 근이 없이 순수한 녹색 혹은 흰색을 보이는 개체를 말한다. 소설(채소)은 꽃과 설판 붉은색 점은 없으나 붉은색 색소 혹은 근이 화판과 화경에 녹아 있는 개체이다. 완벽히 붉은색 소심이 아닌 개체를 소설이라 부른다.

대체로 은회엽에서는 도화나 간혹 주금화 계열의 색화가 핀다. 벨벳엽(마사)은 화경이 붉고 화색이 진한 경향이 있어 향후 색화 계열 명품이 나올 가능성이 크다. 시장에서도 순수 소심뿐 아니라 색화 소설(채소)도 높은 가치를 인정받는다. 여기에 화형까지 좋다면 부르는 게 값이 될 정도다.

도화 무설점

죽백란에는 두화도 존재한다. 춘란에서 보이는 두화처럼 꽃이 둥글게 피는 유형이다. 두화가 피는 개체는 잎끝이 둥글고 잎 모양이 타원형에 가깝다는 공통점이 있다. 두화는 자생지에서 발견되는 즉시 거래될 정도로 귀하며 애란인들이 반드시 한번 품어보고 싶어 하는 꽃이다.

단엽의 두화

다양한 색, 형태, 희소성까지 갖춘 죽백란 꽃은 그 자체가 작은 자연의 세계다. 잎에서 시작된 아름다움이 꽃에서 비로소 완성되는 것이다.

죽백란과 함께 써내려간
나의 이야기

평생 한 번 만날까 말까 한 죽백란을 품다

일요일 새벽, 하노이에 있는 애란인 동생에게서 메시지가 왔다.

"형님, 정말 예쁜 난초를 찾았어요! 한번 보세요!"

동생이 보내온 사진 속에는 검은 벨벳엽(마사)에 무늬까지 들어간 내가 평생 한 번 볼까 말까 한 죽백란이 있었다. 하롱시티의 한 병원 원장 선생님이 북부 하장성에서 직접 산채했다는 난초였다. 잎이 완전한 흑색에 가까운 단엽종에 극황색 호가 선명하게 올라오는 그야말로 명품이었다.

실물을 꼭 보고 싶어 원장님께 연락을 드렸지만 단호하게 거절당했다. 그러다 하노이에 있는 동생이 직접 원장님을 찾아가 나를 대신해 정성을 다해 설득하자 마침내 원장님이 마음을 열어 만남이 성사되었다. 그렇게 새벽부터 길을 떠나 하롱시티로 향했다. 난초를 둘러싼 사람의 진심이 결국 닫힌 문을 연 것이다.

원장님 난실에는 희귀 난초들이 가득했다. 그렇지만 내 시선을 단번에 사로잡은 것은 역시 검은 벨벳엽(마사) 단엽종 극황색호였다.

어렵게 거래가 성사되었다. 조건은 두 가지였다. 한국으로 바로 가져가지 않을 것, 그리고 신촉이 나오면 한 촉을 다시 돌려달라는 거였다. 나는 기꺼이 약속했다. 집사람이 알면 한동안 집에 못 들어갈 금액이었지만 평생 한 번 만날까 말까 한 난초를 품게 된 기쁨이 더 컸다.

　난초를 한국으로 바로 가져가지 않겠다는 약속을 지키기 위해 이 난초들을 다시 부엔마톳의 장인어른 커피농장으로 보냈다. 해발 500m의 서늘하고 건조한 환경은 난초를 안정시키기에 더없이 좋은 곳이었다. 그곳에서 죽백란은 숨을 고르며 자신의 시간을 천천히 쌓아갈 것이다. 나는 그저 기다릴 뿐이다. 평생 한 번 만날까 말까 한 인연은 최적의 장소에서 조용히 번식에 집중하고 있다.

하이퐁 병원장과(죽백란 마사엽 단엽호)

난초 손질 중인 원장님

마사엽(검은 벨벳) 단엽호

베트남 동생 응우엔 꽁 쯩(Nguyen Cong Truong)과 난우들

사천성 청두 라송요(罗松耀) 사장과 함께

난초 인생의 또 한 페이지, 죽백란 홍화

2022년 늦가을, 베트남에서 함께 난초를 연구해온 식물학자 깐 박사(Dr. Canh)에게서 사진 한 장이 날아왔다. 11월에도 30도를 넘는 호치민 날씨이건만, 사진을 보는 순간 계절의 감각이 사라질 만큼 놀라웠다. 화면 속에는 내가 한 번도 본 적 없는 죽백란 홍화가 있었다. 초록이나 흰색만 피는 줄 알았던 죽백란에서 붉은 꽃이 나오다니…. 오랫동안 여러 나라의 난초를 보았는데도 감탄이 절로 나올 정도의 명품이었다. 깐 박사는 BMT 고원 밀림에서 붉은 꽃이 발견되었으니 당장 올 수 있느냐고 다급하게 물었다.

회사 일을 마치자마자 비행기를 타고 BMT로 향했다. 꽃은 시들어 있었다. 그럼에도 남아 있는 색과 은은한 향기만으로도 얼마나 특별한 난초인지 느낄 수 있었다. 죽백란에서 붉은 발색은 거의 기록이 없었기에 심장은 더욱 뛰었다. 깐 박사에게서 산채 과정과 자생지 상황을 꼼꼼히 확인한 뒤, 난초에 무리가 가지 않게 꽃을 절화한 후 스포탁과 활력제로 처리해 장인어른 커피농장으로 옮겼다. 처남에게 잘 키워달라고 부탁한 후 7시간 동안 차를 타고 호치민으로 돌아왔다.

2023년에는 꽃이 피지 않았다. 그런데 2024년 말 처남에게서 연락이 왔다.

"형님, 봉오리가 초록입니다."

실망이 스쳤지만, 혹시나 하는 마음으로 변화를 지켜보았다. 하루가 멀다 하고 색을 확인했지만 돌아오는 답은 늘 같았다. 만개한 지 사흘째 되던 날, 마침내 봉오리 속에서 붉은 기운이 서서히 번져 올라온다는 소식이 들려왔다. 그 순간 가슴이 쿵 내려앉는 듯했다. 다음 날 나는 참지 못하고 곧장 장인어른 농장으로 향했다.

꽃 앞에 선 순간, 색감에 마음을 빼앗기고 향기에 다시 한번 놀랐다. 만개한 홍화에서는 감 향도 청 향도 아닌 고급 섬유유연제를 연상시키는 깊고 부드러운 향이 퍼져나왔다. 은은하면서도 풍부한 향이 꽃의 존재감을 한층

더 살려주었다. 나는 준비해둔 배경지를 꺼내 조심스레 꽃을 촬영했다. 긴

기다림 속의 불안과 설렘이 한번에 풀려나며 가슴이 벅차올랐다.

마사엽에서 핀 죽백란 홍화

내가 난 복이 있는 건지, 사람 복이 많은 건지 알 수 없다. 다만 분명한 것
은 이 한 송이 붉은 죽백란이 내 애란 인생에 또 하나의 기적처럼 찾아왔다
는 사실이다.

전설의 마사엽 설백 중투를 만나다

중국 사천성 청두에서 대를 이어 난원을 운영해온 라송요(罗松耀) 사장은 선대의 노하우와 자신의 사업 감각을 바탕으로 사천성은 물론 중국 전역에서도 손꼽히는 난 상인으로 성장했다. 필자와 동갑인 그는 희귀한 추지란과 죽백란을 애배하는 한편, 대중화된 동양란을 중국 전역에 유통하며 난으로 삶을 일구고 있다.

필자가 반려식물에 관한 책을 준비한다고 했을 때 그는 죽백란 이야기를 꼭 담아야 한다고 조언했다. 그러면서 자신이 평생 수집해온 초희귀 죽백란 엽예품 촬영을 흔쾌히 허락해주었다. 덕분에 이 책의 죽백란 파트를 온전히 마무리할 수 있었다.

거의 모든 죽백란 이예품을 소장하고 있는 라사장에게도 아직 손에 넣지 못한 난초가 있다. 바로 검은 벨벳엽(마사) 단엽의 설백 중투이다. 중화권에서는 난초의 무늬색 가운데 흰색을 황색보다 높게 평가한다. 그중에서도 설백색을 최고의 경지로 여긴다. 그러나 마사엽 단엽의 설백 중투는 아직 실물도, 소장 소식도 들은 적이 없다고 했다.

그런데 올해 초, 베트남 북부 까오방성의 산채꾼 동생에게서 연락이 왔다. 주민이 산에서 발견했다는 난초 사진이었는데 그 모습은 놀라움을 넘어 경외에 가까웠다. 귀한 마사엽 단엽에 눈이 시릴 만큼 선명한 설백의 호가 깃든 난초였다.

대륙의 죽백란 애란인들이 그토록 찾던 난초가 필자의 품으로 찾아왔다. 죽백란에 관한 책

라송요 사장 난실에서 촬영 중

을 준비하느라 애쓴 시간에 대한 선물처럼 느껴졌다. 이 난초를 정성껏 배
양하고 증식해 한국과 중국, 베트남의 애란인들과 함께 키워가고 싶다. 죽
백란이 이어준 인연처럼 말이다.

마사엽 설백호

죽백란을
돌보는 일

3

어디에 심어야
잘 자랄까

죽백란은 언뜻 보면 대엽풍란이나 선물용으로 흔히 보이는 호접란(팔레놉시스)처럼 보이지만, 심비디움 계열에 속하는 정통 동양란이다. 우리에게 익숙한 춘란·일경구화·한란과 같은 식구라고 이해하면 된다.

이런 특성 덕분에 죽백란은 일경구화와 거의 같은 방식으로 심으면 큰 어려움 없이 잘 자란다. 자생지도 일경구화보다 약간 더 남쪽, 온대와 아열대가 만나는 지대다 보니 뿌리 생육이 유난히 안정적이다. 심지어 재배 중 뿌리가 화분 밖으로 드러나도 쉽게 마르지 않고 공중 습도를 흡수해 잘 자라는 모습도 보인다.

한국춘란이나 일경구화는 배양토가 촘촘히 채워지지 않으면 종종 신아가 어미촉 아래로 달려 관리가 어렵다. 그러나 죽백란은 필자가 키우는 동안 한 번도 아래로 붙은 적이 없다. 늘 어미촉 중간이나 위쪽에서 새촉이 형성되었다. 지생과 착생의 중간 성향을 지녀 신아 배출이 안정적이어서 초보자도 키우는 재미를 느끼기 좋다.

배양토는 필자가 직접 조합해 사용한다. 내 배양토 비율은 이렇다. 소성난석 50%에 나머지 50%는 부숙된 낙엽·땅콩껍질·바크·펄라이트·코코피트·피트모스를 더하는 방식이다.

부숙 재료에는 눈에 보이지 않는 호기성균이 살아 있어 화분 속 환경을 건강하게 유지해주며 여름철 뿌리 무름이나 벌브 썩음 같은 병도 크게 줄여준다. 소성난석만 사용할 때 흔히 나타나는 뿌리가 난석에 걸려 꺾이는 현상도 예방할 수 있다.

물론 배양토는 각자의 난실 환경에 맞게 조정하는 것이 가장 좋다. 다만 우리나라처럼 해양성과 대륙성 기후가 섞인 환경에서는 일본식 난석 배양법과 중국식 유기물 배합법 장점을 적절히 섞는 방식이 죽백란에 가장 안정적이라 할 수 있다.

죽백란은 알고 보면 까다롭지 않다. 자연에서 보여주는 성질을 이해하고 그에 맞춰 배양 환경을 마련해주면 누구나 건강한 새촉과 싱그러운 잎을 만날 수 있는 고마운 난초다.

죽백란의 계절별 관리법

죽백란은 심비디움 계열답게 보통 봄에는 신아가 자라고 여름에 꽃이 피는 생육 형태를 보인다. 다만 품종에 따라 가을이나 초겨울에 개화하는 경우도 있어 계절별로 관리 방식을 조금씩 달리하는 것이 중요하다.

온도·습도·물·비료를 계절에 맞게 조절해주기만 하면 죽백란은 기본적으로 매우 강건한 난초이기에 안정적인 생육을 얼마든지 유지할 수 있다.

죽백란은 중국 운남·복건, 타이완, 베트남 북·남부 고산지대처럼 온대·아열대·열대가 겹치는 지역에 주로 자생한다. 제주 서귀포에서도 드물게 자생지가 확인되지만, 이는 제주 남쪽을 지나는 난류의 특수한 기후 영향으로 볼 수 있다.

자생지에서는 2월 말~3월 초 신아가 빠르게 성장하며, 대부분 7월 이전에 성촉으로 완성된다. 난실이나 실내에서 키울 때도 이러한 생육 리듬을 고려해 관리하는 것이 좋다.

❶ 온도 / 습도 / 조도 관리

봄철 큰 일교차는 신아 성장을 멈추게 할 수 있으므로 야간에는 창을 닫아 온도를 안정적으로 유지해야 한다. 건조하고 찬 봄바람도 신아 생장을 저해하므로 난실 온도를 최소 20℃ 이상, 습도는 50% 이상 유지하는 것이 중요하다. 조도는 5,000~7,000lux가 적당하다.

❷ 물주기

죽백란은 습기를 좋아하므로 화장토가 마르면 바로 물을 주는 것이 원칙이다. 특히 봄 신아가 빠르게 자라야 초여름에 성장이 잘 마무리되므로 수분 스트레스를 받지 않도록 세심한 관리가 필요하다. 신아가 왕성하게 자랄 때는 성장 속도에 따라 관주 간격을 조절하는 것이 더 합리적이다. 물을 준 뒤에는 통풍을 충분히 확보해 화분과 잎의 수분을 잘 말려주는 것도 중요한 사항이다.

❸ 비료

성장이 왕성한 시기이므로 비료 관리도 중요하다. 초봄에는 식물활력제(하이아토닉)를 월 1회 2,000:1 희석으로 관주하고, 비료는 하이포넥스 2,000:1 또는 유기질 비료 1,000:1을 월 2회 공급한다. 필요하면 엽면시비를 더해 신아 성장을 도와주면 좋다.

❹ 병충해 예방

신아가 빠르게 자라는 시기에는 곰팡이와 해충 피해가 나타난다. 예방을 위해 오티바 2,000:1을 월 1회 엽면 살포하고 필요하면 늦봄에 스포탁 2,000:1로 관주해 뿌리까지 살균한다. 스포탁 사용 후에는 30분 뒤 맑은 물로 한 번 더 관주해 약제가 남지 않도록 한다.

해충은 비오킬 1:1 희석액을 월 2회 엽면에 분무해 예방한다. 또한 왕성한 신아는 달팽이의 좋은 먹잇감이므로 달팽이 약을 월 1회 화분 위에 두어 방제해주면 안전하다.

여름 | 6월~8월

초여름이 되면 죽백란 신아는 전체 길이의 약 2/3까지 성장한다. 이후 장마철 동안 성장을 마무리하는데, 그사이 꽃눈이 부풀고 화간이 어느 순간 쑥 올라온다. 보통 8월 초, 입추가 시작되기 전 개화가 이루어지며, 이 시기 꽃은 향이 거의 없는 무향종이 많다. 화색은 녹색 · 백색 계열이 주를 이룬다.

신아 성장이 초여름과 장마 기간에 집중되므로 적극적인 시비와 살충 · 살균 관리가 필수다. 반면 개화를 앞둔 개체는 질소 비료를 줄여야 맑은 화색을 유지할 수 있어 이 시기에는 두 가지 목표가 충돌하게 된다. 즉 신아 성장을 우선할 것인지, 꽃의 작품성을 높일 것인지 선택해야 하는 시기가 바로 초여름이다.

❶ 온도 / 습도 관리

죽백란은 기본적으로 고온에 강하다. 자생지가 아열대·열대이기 때문에 한여름 30도가 넘어도 잎과 신아가 싱싱하게 유지된다. 다만 야간 온도까지 30도를 넘기면 난초가 쉬지 못해 병에 약해질 수 있으므로 밤에는 온도가 30도 이하로 떨어지도록 관리해야 한다. 필요하다면 냉방기를 사용해 최소 28도 정도로 유지하는 것이 좋다.

여름철 습도는 죽백란 성장의 핵심 요소지만 한국의 여름은 고온다습해 별도 관리가 필요 없다. 한국의 자연스러운 여름 기후만으로도 죽백란은 생육을 완성하기에 충분하다.

여름철 강한 빛은 해가 될 수 있으니 5,000~7,000lux가 유지되도록 신경 쓰면 좋다.

❷ 물주기

물주기는 단순히 성장만 돕는 것이 아니라, 분내 온도를 낮춰 밤 동안 신아와 뿌리가 건강하게 자라도록 하는 중요한 역할도 한다. 여름철에는 충분한 관주가 필요하며, 신아 생장을 마무리하고 꽃대와 꽃봉오리가 잘 부풀도록 수분을 안정적으로 공급해야 한다.

필자는 고온기에는 해가 지는 저녁 무렵 거의 매일 물을 준다. 다만 이렇게 자주 관주할수록 환풍을 적극적으로 돌려 화분과 잎의 수분을 빠르게 말려주는 것이 중요하다. 그래야만 무름병 없이 건강하게 여름을 날 수 있다.

❸ 비료

장마철은 신아가 왕성히 자라 성촉으로 마무리되는 시기이므로 비료 2,000:1을 월 2회 공급해 영양이 부족하지 않도록 한다. 다만 7월 말~8월 혹서기에는 난초가 쉽게 지치므로 비료 대신 활력제 2,000:1을 월 1회 관주해 회복을 돕는 것이 좋다.

❹ 병충해

여름철에는 곰팡이와 세균성 질환을 사전 예방하는 것이 핵심이다. 월 1회 오티바 2,000:1을 엽면에 살포해 기본적인 균류 피해를 막고 장마철에는 스포탁 2,000:1을 한 번 관주해 뿌리까지 살균한다. 사용 후 30분 뒤 깨끗한 물로 한 번 더 관주해 약제가 남지 않도록 한다.

세균성 병이 걱정된다면 일품 수화제 2,000:1을 관주한 뒤 역시 30분~1시간 후 물로 씻어 잔류 약제를 제거하면 된다. 장마가 끝나 본격적인 더위가 시작되면 해충이 쉽게 발생하므로 저녁 무렵 비오킬 1:1 희석액을 기부 쪽에 뿌려 조기에 방제해두면 안전하다.

가을 | 9월~11월

가을은 혹서기 성장을 마치고 개화까지 끝낸 죽백란이 가장 지쳐 있는 시기다. 먼저 식물활력제 2,000:1을 관주해 회복을 돕고 이후에는 적극적인 시비로 벌브가 충분히 여물도록 관리한다.

죽백란 중에는 가을에 개화하는 개체도 있다. 중화권에서는 이를 '토이추란'이라 부른다. 향기가 뛰어난 경우도 많지만, 필자 판단으로는 완전히 다른 종이라기보다 아종 수준의 변이로 보인다. 그만큼 죽백란은 품종과 변이가 풍부한, 알면 알수록 매력적인 난초다.

❶ 온도 / 습도 / 조도 관리

죽백란은 24~28도에서 가장 활발히 자란다. 그러나 한국의 가을은 기온이 20도 이하로 급격히 떨어지기 쉬워 저온 피해에 특히 주의해야 한다. 야간에는 난실 창을 닫아 갑작스러운 온도 하락을 막는 것이 중요하다.

죽백란 자생지에는 겨울이 없기 때문에 가을에도 신아가 올라오는 일이

혼하다. 한국 기준으로 보면 비정상적인 듯하지만, 죽백란에는 우리식 2모작 개념이 없으므로 가을 신아도 적극적으로 키워주면 된다. 가을 신아가 나온 개체는 야간 온도를 20도 이하로 떨어지지 않게 관리하고 습도 50% 이상을 유지해 성장에 무리가 없도록 한다. 이렇게만 관리하면 가을 신아도 충분히 건강하게 완성될 수 있다.

조도는 5,000~7,000lux를 유지한다.

❷ 물주기

봄철과 관리 방식은 크게 다르지 않다. 죽백란은 습윤하지만 통기가 좋은 환경을 좋아하므로 화장토가 마르면 바로 물을 주고 관수 후에는 환풍기로 분내 물기를 빠르게 말려준다. 보통 4~5일에 한 번 관주하면 충분하다.

❸ 비료

꽃을 딴 개체는 활력제 2,000:1로 월 1회 주어 휴식과 벌브 성숙을 돕는다. 가을 신아가 오른 경우에는 성장을 위해 하이포넥스 일반액비 2,000:1을 월 2회 관주하면 좋다.

❹ 병충해

건조한 가을에는 응애가 쉽게 발생하므로 비오킬 1:1 희석액을 월 2회 스프레이해 예방한다. 또한 오티바 2,000:1을 월 1회 살균해주면 균으로 인한 잎 병변도 효과적으로 막을 수 있다.

겨울 | 12월~2월

자생지 죽백란은 겨울에도 기온이 15도 아래로 잘 떨어지지 않아 성장 속도는 느리지만 생장을 멈추지 않는다. 따라서 한국에서 재배할 때도 가을에 올라온 신아가 천천히라도 자랄 수 있도록 온도·습도·비배관리를 꾸준히 해주어야 한다.

❶ 온도 / 습도 / 조도 관리

죽백란은 겨울에도 성장을 이어가기 때문에 난실 온도를 최소 15도 이상 유지해야 한다. 습도 역시 50% 이상 유지하는 것이 좋다. 특히 온도가 10도 아래로 떨어지면 동해 위험이 커지므로 창호 관리와 보온에 특히 신경 써야 한다.

겨울에도 조도 5,000~7,000lux는 죽백란에 보약이므로 신경 써서 유지한다.

❷ 물주기

화장토가 마르면 물을 주는 것이 기본이지만 겨울철에는 마른 뒤 하루 정도 더 기다렸다가 관수하는 것이 좋다.

❸ 비료

하이포넥스 일반 비료를 월 1회 2,000:1로 희석해 관주해준다.

❹ 병충해

이 시기는 병충해가 거의 없다. 혹 충이 있을 경우 비오킬로 방제해준다.

일경구화

풍부한 꽃 개수와 은은한 향, 그리고
잎과 꽃이 만들어내는 균형 잡힌 자태는 동양란 특유의
단아함 속에서도 남다른 존재감을 드러낸다.

일경구화는
어떤 난초인가

　　일경구화의 학명은 심비디움 파베리(*Cymbidium faberi*)다. 한국춘란과 일본춘란 학명이 심비디움 괴링기(*Cymbidium goeringii*)이니 일경구화 역시 같은 심비디움 계열 동양란이다. 이 계열에는 춘란, 춘검, 연판란, 두판란, 사계란, 하란, 한란, 묵란 등이 속하며 동양란 문화의 큰 줄기를 이룬다.

　　일경구화(一莖九華)라는 이름에는 한 줄기(一莖)에서 여러 송이(九華: '九'는 많다는 뜻) 꽃이 피어난다는 의미가 담겨 있다. 풍부한 꽃 개수와 은은한 향, 그리고 잎과 꽃이 만들어내는 균형 잡힌 자태는 동양란 특유의 단아함 속에서도 남다른 존재감을 드러낸다.

　　일본, 타이완과 우리나라에서는 일경구화라 부르지만 중국에서는 오래전부터 혜란(蕙蘭)이라고 불러왔다. 여러 지역을 오가며 다른 이름으로 불렸지만 한국 애호가들에게는 일경구화로 자리 잡았고, 필자 역시 이 이름이 지닌 부드러운 울림과 아름다운 뜻이 좋아 그대로 사용하고 있다.

심비디움 동양란은 잎 폭에 따라 대체로 잎 폭이 2cm 이상이면 광엽, 그 미만이면 세엽으로 구분한다. 일경구화는 세엽 난초로 분류되지만 실제 산지에서는 잎 폭이 2cm 가까이 되고 길이가 1m에 이르는 큰 개체도 찾아볼 수 있다. 흥미로운 점은 이런 큰 개체도 집에서 기르면 잎 길이가 자연스럽게 줄어든다는 것이다. 환경에 따라 스스로 균형을 찾아가는 모습, 식물이 지닌 적응력과 생명의 질서를 일경구화에서도 느낄 수 있다.

일경구화, 혜(蕙)의 뿌리를 찾아서

일경구화를 뜻하는 혜란(蕙蘭)의 혜(蕙)라는 이름은 중국 고대 문헌에서 그 기원을 찾을 수 있다. 전국시대 초나라 시인 굴원이 남긴 《초사楚辭》에는 "난(蘭)을 아홉 완에 심고, 혜(蕙)를 백 묘에 심는다"는 구절이 등장한다. 여기서 혜는 향기로운 풀, 즉 향초의 한 종류를 가리킨다. 오늘날 일경구화를 혜란이라 부르게 된 어원도 이 기록에서 비롯된 것으로 여겨진다. 혜(蕙)라는 글자에는 향기와 고결함의 의미가 담겨 있어 난초 문화의 상징성을 잘 보여준다.

북송 시대에 들어서 혜는 일경구화를 가리키는 이름으로 더욱 명확해진다. 시인이자 서예가인 황정견은 《서유방정》에서 "일경일화(춘란)의 향은 넉넉하지만, 일경다화는 한 송이의 향은 약해도 여러 송이가 함께 피어 더욱 그윽하다"고 썼다. 그는 여러 송이가 함께 피어 깊은 향을 이루는 난초를 혜라 분명히 구분했고, 이 표현이 오늘날 혜란의 의미를 굳힌 계기가 되었다.

당·수의 화려한 귀족 문화가 쇠락하고 문인 시대인 북송으로 접어들면서 난초는 사대부 계층의 상징이 된다. 이 시기에는 향기롭고 단정한 춘란과 더불어 꽃이 많고 여운이 깊은 혜란이 함께 감상되었다. 난초 재배가 문인과 상인층으로 확산되면서 춘란과 혜란을 구분하는 문화가 점차 정착한다.

청나라 중기에 이르면 혜란은 단순한 식물을 넘어 예술적 상징으로 자리 잡는다. 문인 주극유는 《제일향필기》에서 "혜란은 햇빛을 좋아해 오전 세 시간의 햇살이 필요하고, 춘란은 동틀 무렵 한두 시간이면 충분하다"고 기록했다. 이는 두 난초의 생육 차이를 정확하게 이해하고 감상하는 당시 문화 수준을 보여준다.

건륭·가경·도광 연간에는 여러 혜란 명품이 등장했으며, 그중 대일품(大一品)은 최고 품종으로 널리 알려졌다. 《난혜동심록》에서는 "대일품은 사대부 기개를 담은 꽃으로 천금으로도 구하기 어렵다"고 찬탄했다.

이처럼 혜(蕙)는 오랜 세월 동안 향기와 품격, 문인 정신을 상징하는 난초로서 전통 속에 깊이 뿌리내려 오늘의 일경구화 문화로 이어지고 있다.

자라는 땅에 따라 달라지는 향기와 자태

일경구화는 중국 전역의 온난한 지역에 널리 분포하며, 자라는 환경에 따라 잎 형태와 향기가 조금씩 달라진다. 주요 자생지는 강소성·절강성·안휘성 같은 동부 지역부터 산동성, 하남성, 섬서성, 호북성, 그리고 사천성·귀주성·운남성 등 남서부 지역까지 매우 넓다. 지역마다 기후와 지형이 다르기 때문에 같은 일경구화라도 생김새와 향에 고유한 특성이 깃든다.

중국 동부의 강소·절강·안휘 지역은 예로부터 일경구화 명품 산지로 알려져왔다. 이곳의 개체는 잎이 고르고 꽃이 단정하며 부드러운 녹황색 꽃이 많다. 다만 지금은 산지가 많이 훼손되어 예전 같은 수준의 명품을 찾기 어렵다. 반면 안휘성 남부 고산지대에서는 향기가 깊고 풍부한 우수 개체가 여전히 자란다.

북부 산동성은 기후가 추워 잎이 두껍고 질기며 달콤한 감 향이 강한 편이다. 하지만 자생지가 좁아 개체 수가 많지 않다. 하남성·섬서성·호북성 일대는 일경구화 중심지로 꼽히며, 해발 2,000m가 넘는 복우산 산맥을 따라 다양한 색화와 향화가 분포한다. 이 지역 난초는 청 향·감 향·과일 향이 어우러진 복합적인 향기로 유명하다.

남서부의 사천·귀주·운남 지역은 따뜻하고 습해 일경구화가 무성하게 자란다. 색화와 복색화 등 화려한 형태가 많이 발견되며, 중국 명품으로 알려진 '봉우鳳羽'와 '전기傳奇' 같은 희귀 품종도 이곳에서 나왔다. 복건성과 타이완 역시 아열대 기후로 세엽형 일경구화가 자생하는데 꽃보다 잎을 감상하는 문화가 발달했다.

흥미롭게도 우리나라 남해안과 서해안에서도 소수의 일경구화가 자생하는 것으로 알려져 있다. 일부 애호가들은 이 개체들이 중국에서 건너온 것이 아니라 오래전부터 춘란과 함께 자생해온 토착종일 가능성을 제기한다.

이처럼 일경구화는 동아시아 전역에 넓게 분포하며 기후와 환경에 따라 향기와 자태가 달라지는 것이 특징이다. 각 지역의 빛, 바람, 흙이 만들어낸 차이가 어우러져 오늘의 다양한 일경구화 세계가 형성되었다.

자생지의 일경구화 모습들

잎에서 뿌리까지
일경구화 구조를 살피다

성숙한 일경구화 잎은 다른 심비디움 계열 동양란보다 길고 탄력이 있다. 끝으로 갈수록 자연스럽게 휘어지는 곡선이 특징이다. 잎 가장자리에는 미세하지만 분명한 거치가 있고 중앙에는 굵고 선명한 잎맥이 뻗어 있다. 잎맥이 잎 전체를 단단히 지탱해주는 역할을 하여 일경구화 특유의 힘 있는 자태를 만든다.

춘란은 잎과 줄기가 만나는 부분에 떨잎선이라 불리는 절단 자국이 뚜렷하다. 하지만 일경구화는 이 자국이 거의 보이지 않는다. 이 점을 알고 보면 두 난초를 잎만으로도 쉽게 구별할 수 있다. 다만 잎이 짧고 둥근 단엽형 개체는 구분이 어렵다.

일경구화 벌브는 다른 심비디움 난초에 비해 작은 편이다. 대신 잎이 스스로 양분을 만들어 저장하는 역할을 함께하기 때문에 잎이 길고 두껍고 생명력이 강하다. 벌브가 작다 보니 모촉과 자촉이 서로 밀착해 자라며 서로 영양을 주고받는 구조를 이룬다. 이 특성 덕분에 한 줄기 수명이 보통 6년 이상으로 긴 편이다. 벌브가 큰 심비디움 계열 난초 수명이 4~5년 정도인 것과 비교하면 독특한 생리적 특징이다.

분촉을 할 때는 이 구조를 반드시 고려해야 한다. 최소 2~4촉 이상을 함께 나누어 심어야 안정적으로 자리 잡는다. 일경구화는 단독보다는 여러 촉이 함께 있을 때 건강하게 자라는 식물이기 때문이다.

일경구화 뿌리는 심비디움 계열 중에서도 특히 강하다. 벌브가 작아 저장 능력이 적은 대신 뿌리가 에너지를 축적하는 중요한 창고 역할을 맡는다. 그래서 뿌리는 굵고 탄력 있으며 내부에는 당분과 탄수화물이 풍부하다. 실제로 뿌리를 맛보면 은은한 단맛이 느껴질 정도다.

분갈이할 때는 뿌리를 자르지 않고 넉넉한 크기의 통기성 좋은 화분을 사용하는 것이 좋다. 뿌리가 충분히 뻗을 공간이 있어야 일경구화의 건강한 생육이 유지된다. 강한 생명력 역시 바로 이 튼튼한 뿌리에서 비롯된다. 뿌리가 단단해야 봄이 오면 한 줄기에서 다수의 꽃이 피어나 향기를 채우게 된다.

꽃과 향기로 완성되는 일경구화 품격

일경구화 꽃은 심비디움 계열 동양란의 전형적인 구조를 지니며, 주판·부판·봉심·설이 균형 있게 어우러진다. 자생지에서는 봉심이 살짝 벌어진 분소형이 많다. 한국 애호가에게는 다소 단정하지 않게 보일 수 있으나 이는 곤충이 꽃가루를 옮기기 쉽게 진화한 자연스러운 형태다.

중국 애호가들도 단정한 모양을 선호해 봉심이 모자처럼 덮이는 투구형 화형을 귀하게 여겼다. 봉심이 오므라지면 전체 꽃이 안정된 합배형으로 보이며 더욱 단아한 인상을 주기 때문이다.

일경구화의 또 다른 특징은 설판에 나타나는 촘촘한 설점이다. 붉은 점이 짙거나 넓게 퍼진 색설 개체도 흔한데, 이는 곤충을 유인하기 위해 꽃이 스스로 만들어낸 안내 표시 같은 기능을 한다.

일경구화 꽃은 자연의 선택과 시간이 만든 형태다. 자연의 질서가 만든 조화로움이 일경구화가 지닌 고유한 미학이라 할 수 있다.

일경구화 향기는 감 향, 청 향, 과일 향 등이 겹겹이 어우러지는 복합 향이다. 4~5월 여러 꽃이 한꺼번에 피어 곤충의 관심을 끌어야 했기 때문에 향기의 스펙트럼이 자연스럽게 넓어진 결과다. 다른 심비디움 난초가 단일

한 향을 지니는 것과 달리 일경구화는 다양한 향이 층을 이루며 깊은 여운을 남긴다.

　필자 역시 수많은 동양란 중 향기의 완성도만큼은 일경구화가 으뜸이라 생각한다. 향기를 빼놓고는 일경구화의 아름다움을 온전히 말할 수 없다.

　난향천리(蘭香千里)라는 말이 있다. 난초의 향기가 천 리 밖까지 전해진다는 뜻이다. 전해지는 이야기로 공자(孔子)는 유세에 실패한 뒤 산속에서 향기로운 냄새를 맡고 그 향을 따라가 난초를 보았다고 한다. 그는 '나도 이처럼 향기를 품는다면 사람들이 나를 찾아올 것이다'라고 생각했고, 이후 노나라로 돌아가 학문과 덕을 쌓으며 제자들을 길렀다. 눈에 보이지 않는 향기가 사람의 마음을 움직인다는 깨달음이다.

　일경구화 향기도 그렇다. 눈에 보이지 않지만 오래 남아 마음을 움직이는 그 깊은 향기야말로 일경구화가 지닌 진정한 품격이다.

일경구화의
매력

일경구화의 미적 기준이
만들어지기까지

오늘날 우리가 감상하는 일경구화의 아름다움은 수백 년 동안 애란인들이 꽃의 형태와 품격을 비교하며 쌓아와서 형성된 기준이다.

청나라 초기, 서예가이자 애란인이었던 포미성은《예란잡기》에서 혜란의 화형을 처음 체계적으로 구분했다. 그는 꽃잎 형태를 매판·수선판·하화판으로 나누었는데, 매판과 수선판에는 봉심이 모자처럼 덮이는 투구가 있어야 단정한 형태로 인정된다고 기록했다. 이 기준은 이후 오랫동안 일경구화 감상의 기본 틀이 되었다.

근대에 들어 항주의 애란가 오은원은《난혜소사》(1923)에서 전통 품종과 새로 등장한 품종을 정리하며 홍각혜·녹각혜·적녹각혜로 분류 체계를 발전시켰다. 1959년에는 요위구가《난화》에서 접화류(나비 모양 꽃)와 소심류(꽃잎 중심이 깨끗한 흰색인 꽃)를 추가해 일경구화의 감상 범위를 넓혔다.

1980년대 이후 개혁·개방과 함께 중국 전역에서 새로운 품종이 대거 발견되면서 기화류와 색화류가 새롭게 추가되었다. 다만 색화류에 대한 기준은 지역마다 해석이 달라 아직 통일된 체계가 완성되지는 않았다.

그럼에도 일경구화는 중국에서 가장 큰 애란 시장을 형성했으며, 향기 · 품격 · 다양성을 갖춘 대표 동양란으로 자리 잡아왔다. 이 오랜 전통이 오늘날 일경구화의 미적 기준을 만드는 토대가 되었다.

일경구화 명품 이야기

오랜 전통의 아름다움, 노(老) 8품종 이야기

수많은 일경구화 중에는 오랜 세월 애란인들의 사랑을 받아온 여덟 가지 대표 품종이 있다. 이른바 노(老) 8품종이다. 이 품종들은 청나라 중기부터 근대 초기에 이르기까지 그 아름다움과 품격으로 전통적 미적 기준을 세운 난초들이다. 시대의 미감과 애란인의 안목이 함께 만든 문화적 산물로, 자연과 인간이 조화롭게 빚어낸 예술로 오늘날까지 이어지고 있다.

❶ 정매

정매는 청나라 건륭제 시대 강소성 상숙에서 유래한 전통 명품으로, 일경구화 매판의 기준을 잡은 대표 품종이다. 꽃과 전체적인 인상이 단정하고 균형이 뛰어나 매판이 갖춰야 할 기본 미감을 가장 안정적으로 보여준다. 오랜 세월 동안 매판 하면 정매라고 불릴 만큼 완성도 높은 조화미로 오늘날까지 사랑받는 고전 품종이다.

128

정매

❷ 대일품

대일품은 청나라 건륭제 말기 절강성 항주에서 유래한 전통 품종으로, 단정하고 맑은 인상이 특징이다. 꽃 구조가 하화형수선판의 아름다움을 가장 안정적으로 보여주어 이 계열의 대표 기준으로 꼽힌다. 정매와 함께 노(老) 8품종의 으뜸으로 인정받는 명품이다.

대일품

❸ 관정

관정은 청나라 건륭제 시대 항주에서 유래한 전통 품
종으로, 붉은 기가 감도는 꽃대와 단정한 매판 화형이
특징이다. 안정감 있는 곡선 잎과 묵직한 녹자색 꽃은
고전적인 품격과 힘을 함께 드러낸다. 적경적화의 독특
한 색감 덕분에 오래전부터 매판 품종 중에서도 존재감
이 뚜렷한 명품으로 사랑받아왔다.

관정

❹ 원자

원자는 청나라 도광제 시기 항주에서 유래한 품종으
로, 밝고 부드러운 녹색 잎과 단정한 꽃이 균형 있게 어
우러진다. 은은한 녹색 바탕에 연분홍빛이 스며든 화색
과 단아한 구조미가 특징이며, 전체적으로 절제된 고품
격 매판의 미감을 잘 보여준다. 담백하면서도 세련된 분
위기로 오랫동안 사랑받고 있는 명품이다.

원자

130　　　　　　　　　　　　　

❺ 노상해매

노상해매

노상해매는 청나라 가경제 원년 상해에서 유래한 전통 명품으로, 200년 넘는 역사를 지닌 일경구화의 대표 매판이다. 절제된 녹빛과 단정한 구조미가 어우러져 고전적이면서도 세련된 매판의 미감을 보여주는 난초로 사랑받아왔다.

❻ 노염자

노염자

노염자는 청나라 도광제 시기 항주에서 유래한 품종으로, 작은 꽃이 오밀조밀하게 모이는 독특한 화형이 특징이다. 둥근 봉심과 여의설의 단정한 구조가 조화를 이루며 전체적으로 따뜻하면서도 섬세한 매판의 아름다움을 보여준다. 작지만 정교한 품격으로 일경구화 매판의 또 다른 미감을 대표하는 고전 명품이다.

❼ 반록매

　반록매는 청나라 건륭제 시기 의홍 지역에서 유래한 품종으로, 가늘고 단정한 잎과 절제된 긴장감을 주는 꽃선이 특징이다. 외삼판의 섬세한 결과 단단한 봉심, 부드럽게 감기는 여의설이 조화를 이루어 깔끔한 녹색 매판의 아름다움을 가장 청아하게 드러낸다. 고전미 속에 싱그러운 생명력을 담아 오래 사랑받는 품종이다.

반록매

❽ 탕자

　탕자는 청나라 도광제 시기 소주 · 탕구 일대에서 전해진 품종으로, 작은 하화판형과 단정한 여의설이 특징이다. 가늘고 부드러운 잎 선과 소박한 꽃 구조가 자연스러운 균형미를 이루며 절제된 고전미 속에 은근한 품격을 드러낸다. 진품 개체가 드물어 더욱 귀하게 여겨지는 일경구화의 대표 소형 매판이다.

탕자

지금까지의 노(老) 8품종은 시대의 미감과 인간의 안목이 빚어낸 전통의 결정체다. 세월이 흘러도 변치 않는 그 품격은 자연과 사람이 함께 만들어 낸 예술로 오늘도 고요히 빛나고 있다.

세련된 현대 감각, 신(新) 8품종 이야기

노(老) 8품종이 전통의 품격을 세웠다면 신(新) 8품종은 현대의 미감을 정교하게 완성한 결과물이다. 청조 말부터 민국 시기까지 중국과 타이완 애란가들이 선호해온 기준(맑은 녹색의 결, 정제된 화형, 섬세한 봉심과 설판, 추대와 화수의 균형)이 신 8품종에서 더욱 선명한 표준으로 자리 잡았다. 더 세련된 선과 색, 구조미로 사랑받는 신 8품종을 만나보자.

❶ 단매

단매는 19세기 말 항주에서 발견된 품종으로, 맑은 녹색 잎과 바가지형 매판 그리고 선명한 붉은 설점이 특징이다. 작은 꽃이 촘촘히 피어 단정한 인상을 주며 개화율도 높아 초보자에게도 사랑받는다. 신(新) 8품종 중에서도 구조미와 색감의 조화가 특히 안정적인 품종으로 평가된다.

단매

❷ 노극품

노극품은 1901년 항주에서 발견된 품종으로, 단정한 구조미와 맑은 녹경·녹화의 색감으로 오래전부터 높게 평가됐다. 두껍고 힘 있는 잎과 안정된 꽃 구조 그리고 용탄설로 불리는 강한 설판이 특징이다. 전통 기품과 현대적 세련미를 함께 지닌 균형 잡힌 매판의 명품이다.

노극품

❸ 취악

취악은 1909년 항주 부양에서 발견된 품종으로, 가늘고 청량한 황녹색 잎과 단정한 표문형 매판이 특징이다. 작지만 두터운 꽃잎과 투구형 봉심, 여의설이 조화를 이루어 고요하고 세련된 인상을 준다. 취악은 작지만 맑은 녹빛과 표문형 매판의 단정한 조화가 매력적인 품종이다.

취악

경화매

❹ 경화매

　경화매는 1912년 소홍에서 처음 전해진 뒤, 오은원이 그 가치를 알아보고 재배하면서 명품으로 자리 잡은 품종이다. 단단하게 옭아지는 바가지형 매판과 균형 잡힌 봉심, 선명한 설점이 어우러져 깊이 있는 아름다움을 보여준다. 긴 세월 동안 화형이 흐트러지지 않는 안정성과 독보적 완성도로 일경구화 매판 가운데서도 특별한 존재감을 지닌다.

❺ 강남신극품

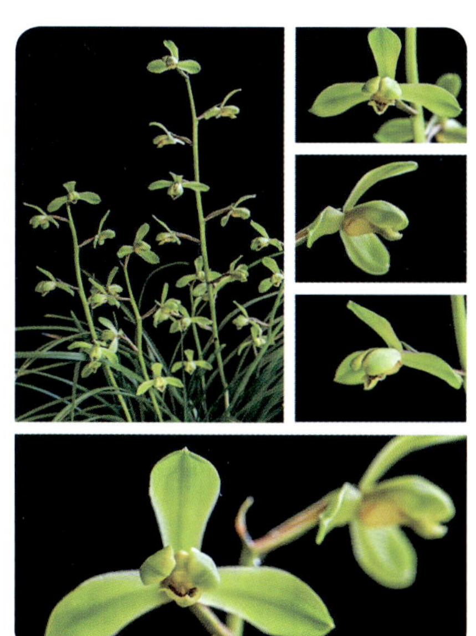

강남신극품

　강남신극품은 1915년 소홍에서 발견된 품종으로, 적경에서 녹경으로 변하는 독특한 줄기색과 활처럼 휘는 잎선이 특징이다. 두껍게 옭아지는 매판 화형과 포권봉심, 용탄설이 조화를 이루어 단정하면서도 생동감 있는 인상을 준다. 담록빛 잎의 우아한 곡선과 빛의 변화가 어우러져 신(新) 8품종 중에서도 세련된 매력을 지닌 품종으로 사랑받는다.

❻ 최매

최매는 1920년대 항주에서 전해진 품종으로, 두껍게 옮아지는 매판 화형과 용탄설이 단정하고 힘 있는 인상을 만든다. 개화 직후의 은은한 적빛이 시간이 지나며 녹빛으로 바뀌는 적전록매 변화가 더해져 세련된 분위기를 준다. 고전미와 현대적 감각이 자연스럽게 조화를 이루는 품종으로 꾸준히 사랑받고 있다.

최매

❼ 루매

루매는 19세기 소흥에서 전해진 품종으로, 청량한 취록색 잎과 시원하게 솟는 꽃대가 특징이다. 둥글게 옮아드는 수선판 구조의 화형과 선명한 설점이 조화를 이루어 맑고 고전적인 품격을 드러낸다. 변하지 않는 비췻빛 화색과 단정한 구조미 덕분에 일경구화 매판 중에서도 특별한 존재감으로 사랑받고 있다.

루매

영매는 1900년대 초 무석에서 전해진 품종으로, 짧고 단아한 잎과 은은한 취록빛이 특징이다. 적전록매의 색변화가 감도는 꽃대와 안정된 봉심, 소여의설이 조화를 이루어 작지만 고급스러운 매판의 미감을 보여준다. 절제된 곡선과 맑은 화색 덕분에 신(新) 8품종 중에서도 가장 단정하고 품격 있는 명화로 평가된다.

영매

신(新) 8품종은 전통 미학 위에 현대의 정제미를 더해 맑은 녹빛·단정한 화형·균형 잡힌 추대와 화수를 한층 분명한 기준으로 제시한다. 각 품종이 지닌 미세한 구조와 절제된 품위는 애란인 마음에 깊은 울림이 되며 세월이 흘러도 변치 않는 아름다움을 증명하고 있다.

개성과 특성의 예술, 특별한 명품 8선

청조부터 민국 시대에 정립된 노(老) 8품종과 신(新) 8품종이 전통과 품격의 기준을 세웠다면, 이제 소개할 여덟 품종은 그 틀에서 벗어나 고유한 개성과 예술성을 지닌 난초들이다. 공식 8품종에는 포함되지 않지만, 이들 난초가 지닌 예(藝)의 깊이는 결코 그에 뒤지지 않는다. 서로 다른 빛과 향,

독특한 화형과 색감으로 각자의 이야기를 들려주는 품종들이다.

❶ 장수매

장수매는 1918년 항주에서 전해진 뒤 오은원의 손을 거치며 명품으로 자리 잡은 품종이다. 짙은 심녹색 잎의 긴장감과 곧게 솟는 꽃대가 균형을 이루고, 바가지형으로 옭아드는 외삼판과 살짝 열린 봉심이 장수매만의 개성을 드러낸다. 은은한 설점과 맑은 녹빛이 어우러져 완벽함보다 여백의 품격을 중시하는 매판의 아름다움을 보여준다.

장수매

❷ 우산매

우산매는 1917년 오은원이 입수해 세상에 알린 품종으로, 짧고 단단한 잎과 곧게 솟는 꽃대가 특징이다. 둔형의 외삼판, 단단한 봉심, 용탄설이 조화를 이루며, 개화 직후보다 며칠 뒤에 형태가 더욱 안정되는 시간의 미를 지닌다. 정제된 균형미와 고요한 품위로 적경 매판의 단정함을 가장 아름답게 보여주는 명품이다.

우산매

❸ 대진자

대진자

　대진자는 청나라 건륭제 시기 가흥에서 전해진 품종으로, 붉은빛이 감도는 연녹색 화색과 단정한 수선판 구조가 특징이다. 낙견형 부판과 연둣빛 봉심, 선명한 설점이 조화를 이루어 전통적 춘란 분위기를 가장 친숙하게 보여준다. 개화 때마다 미묘하게 달라지는 표정도 감상 깊이를 더해 꾸준히 사랑받는 품종이다.

❹ 단혜매

단혜매

　단혜매는 1912년 소흥에서 전해진 품종으로, 부드럽게 말린 권엽과 길고 윤기 있는 잎선이 우아한 곡선을 만든다. 높이 솟는 꽃대와 둔형의 외삼판, 정제된 봉심, 선명한 설점이 조화를 이루어 단정한 매판의 아름다움을 보여준다. 맑고 깊은 청향까지 더해져 이름처럼 단정한 매화의 품격을 담은 품종으로 사랑받는다.

❺ 해패매

해패매는 소흥 지역 장씨가 선별한 품종으로, 이름처럼 세속을 내려놓은 평온함을 상징한다. 짧고 둥근 매판형 화변과 맑은 봉심, 큰 여의설이 부드럽게 조화를 이루며 은은한 취록빛이 더해져 고요한 품격을 드러낸다. 시원한 아치를 이루는 잎 선과 맑고 깊은 청향까지 어우러진 사랑스러운 품종이다.

해패매

❻ 선록

선록은 1912년 의흥에서 전해진 품종으로, 양각봉심과 길고 둥근 외삼판이 만들어내는 독특한 수선판 구조가 특징이다. 등초경(화간(꽃줄기) 끝에 등을 달아놓을 만큼 꽃대가 힘차게 솟는다는 뜻)의 시원한 꽃대에 녹황색 화색이 더해져 단정하고 청아한 분위기를 준다. 개화가 진행되며 안쪽으로 옮아지는 특유의 화형 변화가 매력적이며 맑고 절제된 녹빛으로 사랑받는 품종이다.

선록

❼ 적원

적원

적원은 1930년대 이전 강남지방(강소성·절강성)에서 선별되어 일본을 거쳐 다시 중국으로 전해진 품종이다. 짧고 둥근 외삼판이 바가지처럼 옭아드는 매판 화형과 은은한 붉은빛이 조화를 이루어 세련되고 단정한 인상을 준다. 취록빛 잎과 가늘게 솟는 꽃대가 맑은 분위기를 더하며 근대 일경구화의 대표적 매판으로 사랑받는다.

❽ 해구

해구

해구는 심연여가 선별한 품종으로, 개화 초기의 붉은 빛이 점차 녹색으로 변하는 적전록매형의 아름다운 색 변화가 특징이다. 물결치는 표문형 외삼판과 경투구형 봉심, 유해설이 만들어내는 유려한 곡선이 마치 바다 새의 날갯짓처럼 생동감을 준다. 규범보다 개성이 빛나는 일경구화로, 가장 예술적 매력을 지닌 품종으로 사랑받는다.

특별한 명품 8선은 정형에서 한 걸음 비켜서서 각기 다른 선과 색·향으로 일경구화 세계를 확장한 꽃들이다. 규범을 알아야 비로소 개성이 보이 듯 이들 품종은 전통 기준을 시험하며 우리 눈을 한층 더 섬세하게 단련시킨다.

자연이 빚은 품격, 국하(國荷)의 아름다움

2006년 5월, 중국 호북성 은시시와 이천현이 맞닿은 깊은 산지에서 한 줄기 일경구화가 발견되었다. 사람이 거의 드나들지 않던 토가족·묘족 자치구의 고요한 숲에서 채취된 난초가 바로 국하다.

국하를 처음 입수한 이는 첫눈에 그 가능성을 알아보았지만 좀처럼 꽃이 피지 않아 애를 태웠다. 그러던 어느 해, 마침내 다섯 송이 꽃이 피었는데, 이를 본 사람들은 모두 놀라움을 감추지 못했다. 비췻빛으로 깊게 물든 취록색, 단정하고 기품 있는 화형, 맑고 투명한 향기까지, 국하는 단번에 사람들 마음을 사로잡았고 국하라는 이름을 얻었다. 그러나 다시 오랫동안 꽃이 피지 않으면서 사람들 기억에서 서서히 희미해졌다.

그런 국하가 2014년, 기적처럼 다시 꽃을 피우며 전설처럼 되살아났다. 박람회에 전시되자 애란인들이 몰려들었고 국하는 단숨에 명화 반열에 올랐다. 중국에서는 국하 보전회를 만들어 외부 유출까지 통제할 정도로 그 가치를 지켰다. 당시 국하는 촉당 6천만 원이 넘는 가격으로 평가받으며 희귀 난초의 상징이 되었다.

　은시시의 깊은 숲에서 태어나 오랜 침묵 끝에 다시 피어난 국하는 지금 도 인내와 고귀함을 상징하는 비췻빛 전설로 남아 있다.

국하

붉음이 빚은 전설, 전기(傳奇)의 아름다움

　2012년 봄, 중국 귀주성 필절시의 한 무명 난농이 위챗(한국의 카카오톡) 에 올린 붉은 난초 사진 한 장이 애란계를 뒤흔들었다. 사람들은 존재할 수 없는 색이라며 가짜라고 단정했다. 색소 주입 가짜 난이 성행하던 때라 난 농의 주장은 설득력을 잃었다. 농부는 산채 지점까지 공개했지만 결국 난 은 헐값에 팔려나갔다.

　난을 인수한 귀주의 한 애란인은 난초를 직접 살핀 끝에 색소 흔적이 없는 진품임을 확신하고 정성껏 배양했다. 그리고 2014년 봄, 난초는 다시 붉은 꽃을 피웠다. 불꽃 같은 화색과 흔들림 없는 화형, 깊고 맑은 향은 누구도 부정할 수 없는 진귀함이었다. 그는 그 순간을 기려 난초에 전기(傳奇, 환상적·몽환적이라는 뜻)라는 이름을 붙였다.

전기는 반수엽성 잎, 홍상비(붉은 신아 혹은 홍초 형태) 신아, 높고 곧은 등 초경, 정제된 수선판 화형, 설판까지 붉게 물든 홍화홍색설의 조화로 일경구화 중에서도 가장 강렬한 존재다.

이후 전기는 박람회에서 홍화홍색설로 인정받아 특금상을 수상하며 순식간에 명품으로 자리 잡았다. 한 장의 사진에서 시작된 오해를 넘어 스스로 진가를 증명해낸 전기는 이름 그대로 시대의 전설이 되었다.

전기

　중국과 타이완 애란인에게 가장 뛰어난 일경구화를 묻는다면 대부분 봉우를 꼽는다. 봉우는 운남 · 귀주 · 사천이 만나는 계명 3성의 깊은 산에서 2011년 애란인 장위가 발견한 난초다. 숲에 퍼지는 향기를 따라가던 그는 선명한 홍복륜, 맑은 소심 설판, 녹태설 바탕이 완벽히 조합된 꿈같은 꽃을 눈앞에서 확인했다. 사진이 공개되자 난계는 즉시 술렁였고 절강성의 왕해명이 장위가 제시한 금액을 지불하고 봉우를 입수했다.

　그러나 큰돈을 쥔 장위는 잘못된 동업자를 만나 삶이 무너졌다. 이 소식을 들은 왕해명은 그를 찾아 위로하며 둘은 봉우를 처음 채집한 산에서 의형제를 맺었다. 그래서 중국 애란인들은 봉우를 단순한 명품이 아니라 인연초로 기억한다.

　2016년 봉우는 주요 박람회에서 연속 특금상을 받으며 최고 명품으로 공인되었고, 순도를 지키기 위해 보존회까지 조직되었다. 자연의 아름다움과 인간의 진심, 인연까지 품은 난초 봉우는 그 자체로 한 송이의 전설이다.

　필자 역시 귀한 인연으로 봉우를 배양하고 있다. 봉우를 보고 있노라면 그 속에 깃든 사람의 마음과 이야기가 매일 새롭게 다가온다.

봉우

황금빛 인연, 황화소심 황금(黃金) 이야기

"수수 수수! 워 자오따오 헌 피아오량더 화!(叔叔 叔叔! 我找到很漂亮的 花!)"

"삼촌, 삼촌! 제가 정말 예쁜 꽃을 찾았어요!"

깊은 산속에서 황화소심을 발견하자마자 장군이가 들뜬 목소리로 사진을 보내왔다. 마치 보물을 찾은 아이처럼 말이다.

2000년대 초, 필자는 중국 지사에서 근무하며 인력 모집을 위해 하남성·안휘성·호북성의 깊은 산골 마을들을 찾아다녔다. 그곳에서 처음 일경구화(혜란)를 만났다. 집 마당에 은은한 향기를 풍기며 피어 있는 일경구

화들은 인력 모집보다 더 큰 설렘을 안겨주었다.

그 시절, 일하러 가는 어머니 손을 붙잡고 울던 꼬마가 바로 지금의 장군이다. 세월이 흘러 그는 어엿한 일경구화 전문 산채꾼이 되었고 봄마다 삼촌(叔叔)을 부르며 연락해온다. 이제는 설명하지 않아도 한국춘란 태극선을 닮은 중투복색화, 황비처럼 우아한 황화색설, 그리고 황금빛으로 빛나는 황화소심을 찾아 가장 먼저 소식을 전해온다.

2014년, 중국을 떠나기 전 장군이가 선물해준 황화소심 황금(黃金)은 꽃이 달린 3촉이었는데, 지금은 한국에서 정성껏 길러 다수 촉으로 자라났다.

황금의 잎은 진청색 무지엽으로 잎이 두껍고 곧게 뻗어 힘이 느껴진다. 다른 일경구화와는 달리 입엽성이 뚜렷하고 생기가 넘친다. 꽃이 피면 주부판과 설판이 서서히 진한 황색으로 물들어 이름 그대로 황금빛을 발한다. 화판을 자세히 보면 맑은 황색과 주금

색이 층을 이루며 섬세하게 빛
난다. 보는 이에 따라 황주금복
색 소심으로도 불릴 만하다. 그
러나 전체적인 인상은 황금빛
에 가까워 누구나 황화소심이
라 부를 수밖에 없다.

황금빛 꽃잎을 바라보고 있
으면 그 꽃을 건네던 장군이
의 웃음과 산속의 바람결이 함
께 떠오른다. 세월이 흘러도 잊
히지 않는 건 꽃의 향기보다도
그 꽃을 통해 이어진 한 사람
과의 인연이다.

황금

148

단엽서반중투 보배, 산에서 건져올린 한 촉의 기적

2013년 여름, 중국 중남부가 기록적 폭우로 침수되었다. 나는 회사에서 지원해오던 호북성 수주시 황산 촌에 수재의연금을 전달하러 갔다. 촌장님은 나를 따뜻하게 맞아주었다. 그러고는 내가 난초를 좋아한다는 것을 알고 뒷산의 일경구화 자생지로 안내했다.

하산하던 길에 산채를 마치고 내려오던 산채꾼 일행을 만났다. 그들이 산에서 막 채집한 난초들을 보여주는데 그중 한 촉이 나를 단번에 멈춰 세웠다. 생강근이 달린 단엽 서반중투였다. 잎 폭은 보통 구화보다 넓고 잎끝은 둥글며 두께까지 두터워 플라스틱 책받침 단엽을 연상케 했다. 산채꾼은 시골집 한 채 값에 해당하는 가격을 제시했다. 값이 너무 비싸 밤늦도록 이어진 협상 끝에 비교적 착한 시골집 한 채 값으로 그 귀한 개체를 품게 되었다.

한국으로 들여온 한 촉짜리 난초는 부산에 계시던 부친께서 보배처럼 기르며 여러 촉으로 늘렸다. 하지만 부친의 투병이 시작되면서 난초도 함께 병들기 시작했다. 거의 절종될 위기였던 그때, 평소 깊이 의지하던 난우 장휘춘 선배가 살려보겠다며 맡아 배양해 3화분 10촉으로 회복되었다. 그리고 2022년 한국난혜 일경구화 전시회에서 기대품 상을 받으며 많은 애란인 앞에 공식적으로 모습을 드러냈다.

보배는 언뜻 보면 춘란 중투호처럼 보이지만 정확한 일경구화 서반중투호다. 일경구화 상작이 최소 50cm인 데 반해 보배는 성촉이 되어도 17cm 남짓이다. 상작묘에서는 녹이 차오르지 않고 깨끗한 중투호가 고정된다. 10촉을 기르는 동안 무지나 호가 나온 적 없이 완벽한 중투호로만 발현되었다. 타이완·중국에서 명명된 길고 처지는 엽예 구화들과 비교해도 품격과 존재감이 압도적이다.

이 특별한 성질을 가진 난초를 나는 보배(寶貝)라 이름 지었다. 그 이름에 깃든 마음 그대로, 앞으로도 오랜 세월 많은 애란인과 함께 귀한 생명을 누리길 바란다.

단엽서반중투 보배

금색양춘

금색양춘(金色阳春)

꽃과 잎을 함께 감상할 수 있는 엽예 · 화예 겸용 품종으로 2014년 호북성에서 발견되었다. 난초 애호가 고화(高华) 씨가 채집 · 재배했고 2016년에 명명되었다.

처음 산채 당시 꽃봉오리의 경이 맑고 붉은 기운이 없어 중투화소심으로 오인되어 한국의 한 애란인에게 고가에 판매되었으나, 실제 개화 후에는 소심이 아닌 중투화로 밝혀졌다. 이 때문에 한때 반품되기도 했지만 완전 개화된 모습을 보니 화형과 색감이 매우 뛰어나 중투화만으로도 높은 평가를 받으며 다시 고가에 거래된 이력이 있다.

자운단하(紫云丹霞)

　이 품종은 중투 복색화로 잎에는 소멸성 중투가, 꽃에는 도복색 중투가 선명하게 나타난다. 2016년 허난 루안촨에서 발견되었다. 자운단하는 일경구화 중 최고급 품종으로 평가받으며 완성도 높은 화형과 독창적인 색감으로 높은 가치를 인정받는다. 최근에는 일경구화 분야에서 엽예·화예를 겸비한 대표 품종으로 자리 잡으며 새로운 흐름을 이끌고 있다.

자운단하

중동지성(中東之星)

　설판이 깊고 붉게 물들고 세 갈래 기화로 변이된 독특한 형태가 중국 애란인에게 큰 사랑을 받는 품종이다. 일반적인 색설은 설판 전면만 붉거나 굵은 설점이 번져 나타나는 경우가 많지만, 이 품종은 설판 뒷면까지 고르게 홍색이 스며든 완전한 설홍소에 속한다. 여기에 드물게 나타나는 삼설 기화가 더해져 그 희소성과 품격을 더 높여준다.

삼설 기화 홍색설

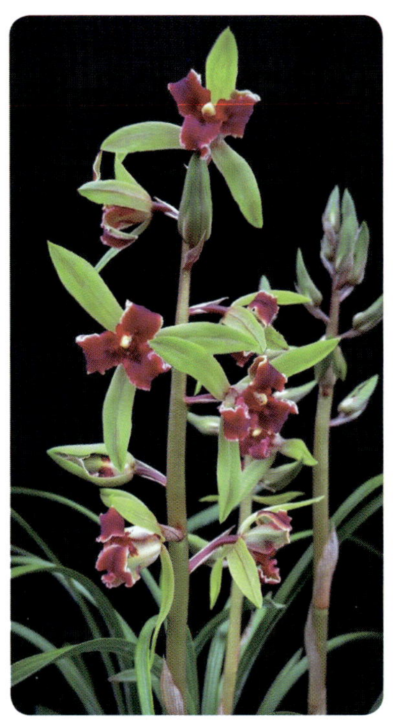

중동지성

무명 도화

일경구화 서반에서 피어난 맑은 도화로 깨끗한 도색 화간과 선명한 붉은 설판, 풍부한 화형이 명품의 품격을 보여주는 품종이다. 필자의 소장품으로 소수의 난우들과 정성스럽게 배양하고 있는 귀한 도화다.

무명 도화

내가 만난 반려식물은 모두 나 혼자만의 것이 아니다. 그 식물을 만나게 해준 사람들이 있고 그 인연이 쌓여 오늘의 내가 있다. 일경구화에도 그런 사람들이 많다. 그중에서도 서만빈(舒万斌)을 잊을 수 없다.

서만빈은 집안 형편이 너무 어려워 초등학교만 간신히 졸업했다. 배움의 기회도, 뚜렷한 기술도 없었던 그는 중국에서 가난한 사람들이 선택하는 위험한 일을 전전했다. 아파트 유리창 청소, 전기 설비 공사 같은 일들이다. 그러다 구채구가 개발되면서 고압선 공사가 시작되었는데, 그의 성실함과 손재주가 현장 책임자 눈에 띄어 그 팀에 합류하게 되었다.

어느 날, 그는 중국인들이 사용하는 SNS 위챗으로 내게 연락을 보내왔다. 고압선 작업 중 향기가 유난히 좋은 난초를 발견했는데 무슨 난초인지 알려달라는 것이었다. 난초를 잘 몰라 조언을 구할 사람을 찾다가 내게 연락했다고 했다. 왜 나를 선택했느냐고 묻자, 그는 "난초를 사랑하는 외국 사람이라면 저 같은 사람을 속이지 않을 것 같아서"라고 말했다.

그 말 한마디에 그의 진심이 느껴졌다. 나는 그에게 일경구화의 기본을 차근차근 알려주었다. 어떤 개체가 가치가 있는지, 어떤 변이를 눈여겨봐야 하는지를 조언해주었다. 그는 고압선 작업의 짧은 휴식 시간마다 산속을 오가며 변이종을 찾아 모았다. 구채구는 본래 기후와 지형 덕분에 난초의 다양성이 풍부한 곳이었고 그는 몸으로 그 세계를 익혀갔다.

몇 년 뒤, 그는 모은 난초들을 청두(성도) 지하상가 야시장 입구에서 팔기 시작했다. 처음에는 작은 규모였지만 점차 큰돈을 벌었고, 마침내 자신의 난초 농장까지 갖게 되었다.

지금으로부터 10년이 넘은 이야기다. 그는 이제 당당한 난초 농장주이자 일경구화 분야에서 이름을 알리는 전문가가 되었다.

어떤 세계든 결국 사람의 이야기다. 식물을 통해 이어진 인연이 삶을 바

꾸기도 하고 그 인연이 쌓여 또 다른 이야기를 만든다. 내가 일경구화를 사
랑하는 이유도 어쩌면 그 사람들 덕분인지 모른다.

위 / 필자 왼쪽이 서만빈 사장
아래 / 사천성 난계의 큰손 라송요 사장

159

일경구화를
돌보는 일

어디에 심어야
잘 자랄까

일경구화는 심비디움 계열 중에서도 특히 강건해 초보자도 어렵지 않게 기를 수 있다. 그러나 반려식물을 건강하게 키우기 위해서는 그 식물이 좋아하는 환경과 배양토를 제대로 갖춰주는 일이 무엇보다 중요하다.

한국 애란인들은 오랫동안 일본식 소성 난석 배양법을 사용해왔다. 화분 아래 큰 난석부터 위로 갈수록 작은 난석을 채우는 방식이다. 이렇게 하면 배수가 뛰어나 뿌리 썩음 위험을 줄여준다고 생각해서였다. 일본이 섬나라 특유의 높은 습도와 고온 환경 때문에 소성 난석을 발전시켰다는 점을 생각하면 이 방식은 일본 기후에 최적화된 배양법이라 할 수 있다.

반면 중국은 완전히 다른 방식을 쓴다. 부숙된 낙엽(부엽), 바크, 땅콩껍질, 갈비(소나무 낙엽) 등을 배합해 자연에 가까운 배양 환경을 만든다. 자생지에서 동양란은 원래 이런 유기물 층에서 자라므로 생장 속도가 빠르고 병충해에도 강한 장점이 있다. 실제로 한국에서도 고온 여름철에 소성 난석보다 부엽 배양이 훨씬 안정적인 생육을 보인 사례가 많다.

일경구화 배양에 정답은 없다. 일본식·중국식 어느 한쪽을 그대로 따라하기보다 한국의 사계절에 맞춰 두 방식을 조합하는 것이 가장 효과적이라 할 수 있다. 한국은 여름엔 고온다습하고 겨울엔 건조해 중국과 일본 어느 쪽과도 다른 독특한 환경을 가지기 때문이다.

필자는 이 점을 고려해 소성 난석과 부엽 배합토를 함께 사용하는 혼합 방식을 쓴다. 춘란도 죽백란도 이 배합토를 활용한다. 배합토는 소성 난석 비율을 50%로 한다. 그리고 피트모스·바크·코코칩·1년 이상 부숙한 땅콩껍질·펄라이트를 각각 10%씩 섞는다. 필요에 따라 부숙된 낙엽이나 쌀겨, 재 등을 소량 더해 통기성과 보습력을 조절한다.

가장 중요한 것은 단 하나다. 내 환경에서 내 난초가 가장 잘 자라는 배양토가 바로 정석이다. 이제는 남의 방식을 답습하기보다 한국 기후와 내 난초의 반응에 맞춰 배합을 조절하는 것이 일경구화를 건강하게 기르는 확실한 길이다.

중국 현지의 배합토

필자의 DIY 배합토

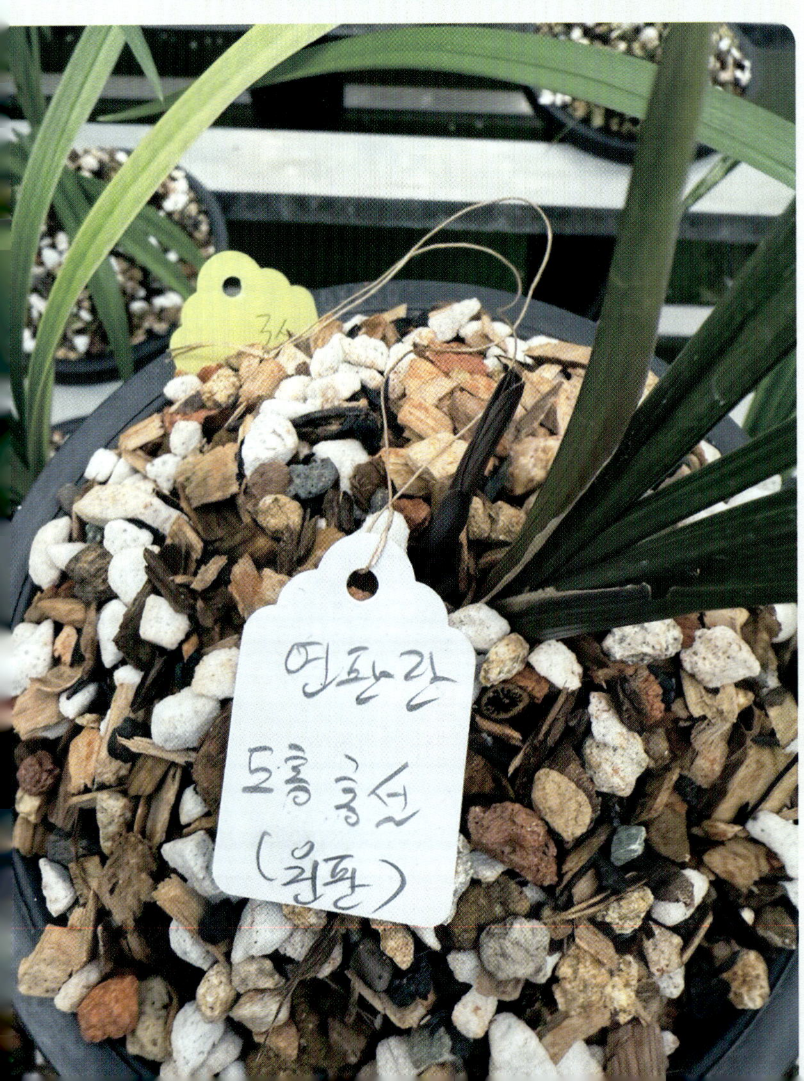

필자의 DIY 배합토로 식재

일경구화는 계절마다 관리 초점이 조금씩 달라진다. 봄 · 여름 · 가을 · 겨울 흐름에 따라 온도, 습도, 물, 비료를 조절해주면 1년 내내 안정적인 생육을 유지할 수 있다. 아래는 계절별로 꼭 챙겨야 할 핵심 관리 사항이다.

봄 | 3월~5월

일경구화 자생지는 제주도와 비슷하거나 약간 남쪽에 분포되어 있다. 그래서 3월 초부터 신아가 성장한다. 겨울에 꽃을 달고 있던 개체는 3월 말경에 신장이 마무리되고 4월 초 · 중순이면 만개해 약 한 달간 꽃과 향을 즐길 수 있다. 일경구화는 녹화가 기본이므로 화통을 씌울 필요가 없다. 꽃을 오래 달고 있으면 세력이 약화될 수 있으니 보름이나 20일 내 절화하는 것이 좋다.

❶ 온도 / 습도 / 조도 관리

봄철에 큰 일교차는 신아 성장을 멈추게 할 수 있으니 야간에는 창을 닫아 온도 조절에 신경 써야 한다. 건조한 봄바람 때문에 화간 기부가 마르면 신장 불량이 생기므로 꽃대 아래쪽에 얇게 수태를 덮어 보습을 유지한다. 1차 생장이 활발한 시기이므로 빛은 5,000~8,000lux를 유지하면 좋다.

❷ 물주기

일경구화는 습기를 좋아하므로 화장토가 마르면 바로 관주해도 된다. 신아가 빠르게 성장하는 시기엔 수분 공급이 특히 중요하다. 물은 자주 줘도 무방하나 관수 후 화분이 빠르게 마를 수 있도록 통풍 관리를 함께해야 건강을 지킬 수 있다.

❸ 비료

성장이 왕성한 시기이므로 비료에 신경 써야 한다. 초봄에는 식물활력제(하이아토닉)를 월 1회 2,000:1로 관주하고, 비료는 하이포넥스 2,000:1 또는 유기질 비료 1,000:1을 월 2회 공급한다. 엽면시비는 피하고, 건조한 날에는 해질 무렵 화장토와 잎에 물만 가볍게 분무해주는 것이 좋다. 절화한 개체는 회복을 위해 식물활력제 1,000:1을 한 번 더 관주해 보충해준다.

❹ 병충해 예방

신아가 빠르게 자라는 시기에는 곰팡이와 해충 피해가 쉽게 발생한다. 이를 예방하기 위해 오티바 2,000:1을 월 1회 엽면에 살포하고 필요하면 늦봄에 스포탁 2,000:1로 관주해 뿌리까지 살균한다. 스포탁을 사용한 뒤에는 30분 후 맑은 물로 한 번 더 관주해 잔여 약제가 남지 않도록 한다. 해충은 비오킬 1:1 희석액을 월 2회 엽면에 뿌려 예방한다.

여름 | 6월~8월

신아는 초여름까지 꾸준히 자라다가 장마철에 가장 빠른 성장 속도를 보인다. 그러나 8월 혹서기에는 생장이 멈추고 지치는 시기가 찾아온다. 이후 입추가 지나 아침과 저녁 기온 차가 커질 때 다시 성장세가 붙는다.

여름 관리 핵심은 혹서기가 시작되기 전, 장마철까지 신아를 충분히 키워두는 것이다. 신아가 미완성 상태로 고온기를 맞으면 무름병이나 바이러

스성 질환에 더 취약해질 수 있기 때문이다. 특히 최근에는 혹서기 기간이 더욱 길어지고 있어 관리에 세심함이 필요하다.

❶ 온도 / 습도 관리

낮 기온이 30도를 넘고 밤까지 더위가 이어지면 난초는 쉽게 지친다. 야간에는 서큘레이터로 시원한 공기를 유입해 온도를 낮춰주고 실내 배양 시에는 잠시라도 에어컨을 가동해 28도 이하로 떨어뜨리는 것이 좋다. 이렇게 해야 장마철에 다 자라지 못한 신아가 마무리 성장을 할 수 있으며 낮 동안 만든 양분도 뿌리와 신아로 원활히 이동한다. 특히 구화는 벌브가 약해 대부분의 양분을 뿌리와 전진축 성장을 위해 사용하므로 온도 관리는 더욱 중요하다.

혹서기의 강한 빛은 피하며 5,000~8,000lux를 유지하면 된다.

❷ 물주기

물주기는 성장뿐 아니라 분내 온도를 낮춰 밤에 신아와 뿌리 생장을 돕는 역할도 한다. 고온에 수분까지 부족하면 피해가 생기기 쉬우니 주의해야 한다. 물은 해질 무렵 주어 밤 동안 충분히 흡수되게 하고 관주 후에는 환풍으로 잎과 기부의 물기를 빠르게 말려 무름병을 예방한다.

❸ 비료

장마철에는 신아가 가장 활발히 자라므로 비료 2,000:1을 월 2회 공급해 부족하지 않게 한다. 다만 7월 말~8월 혹서기에는 난초가 지치기 쉬우므로 비료 주기를 중단한다.

❹ 병충해

여름철에는 곰팡이와 세균성 질환을 미리 예방하는 것이 중요하다. 이를 위해 월 1회 오티바 2,000:1을 잎에 뿌려 기본적인 균류 피해를 막아주고, 장마철에는 스포탁 2,000:1로 한 번 관주해 뿌리까지 살균해준다. 약제가 남지 않도록 30분 후 맑은 물로 씻어주면 좋다. 세균성 병을 예방하고 싶다면 일품 수화제 2,000:1로 관주해주는 것도 도움이 된다. 이 또한 30분~1시간 뒤 깨끗한 물로 씻어 잔류약제를 제거한다.

장마가 끝나고 본격적인 더위가 시작되면 충이 발생하므로 저녁 무렵 비오킬 1:1 희석액을 기부 쪽에 뿌려 조기에 방제하면 안전하다.

혹서기를 견딘 난초에는 식물활력제(2,000:1)를 관주해 회복을 돕고, 이후에는 비료를 충분히 공급해 장마철에 다 자라지 못한 신아가 성장을 마무리하도록 한다. 일경구화는 9월 말~10월 사이 꽃눈이 화장토 위로 올라오므로 이 시기를 잘 살펴야 한다. 꽃봉오리가 마르지 않도록 청태나 수태를 얹어 보습해주면 되고 화통은 씌울 필요가 없다.

❶ 온도 / 습도 / 조도 관리

일경구화는 20~26도에서 가장 활발히 자란다. 봄 신아의 성장이 마무리되면 가을 신아가 다시 올라올 수 있는데 가을 신아를 잘 받아 겨울을 넘기고 다음 장마철 전까지 성장을 끝내면 여름 혹서기 피해도 줄일 수 있다. 이를 위해 습도 50% 이상 야간 온도 유지에 신경 써 신아가 최대한 자랄 수 있도록 한다.

2차 생장이 이루어지는 시기이므로 5,000~8,000lux를 유지하면 좋다.

❷ 물주기

봄철 관리와 크게 다르지 않다. 일경구화는 습윤하면서도 통기성 좋은 환경을 좋아하므로 화장토가 마르면 바로 물을 주고 관주 후에는 환풍기로 분내 물기가 고이지 않도록 말려준다. 보통 4~5일에 한 번 정도 관주하면 충분하다.

❸ 비료

신아 성장을 위한 화분과 꽃을 볼 화분은 목적에 따라 따로 관리해야 한다. 신아 성장용은 일반 비료를 2,000:1로 월 2회 관주한다. 꽃 감상용은 화아분화를 위해 질소가 없는 하이포넥스 0-6-4를 사용한다. 꽃눈이 화장토 위로 올라온 뒤에는 녹화 · 백화 등 일반 꽃은 다시 일반 비료 2,000:1로 조정하고 황화 · 주금화 등 색화는 질소 비율이 낮은 비료를 선택해 관주한다.

❹ 병충해

월 1회 스포탁 관주 및 세척, 월 1회 오티바 살균 스프레이 진행하면 좋다.

겨울 | 12월~2월

겨울이 되면 겉으로는 성장이 멈춘 것처럼 보이지만, 잎은 여전히 광합성을 통해 양분을 뿌리와 신아로 보내고 있다. 그러니 겨울이라고 어둡게 관리해서는 안 된다.

❶ 온도 / 습도 / 조도 관리

겨울에는 성장이 느려질 뿐 멈춘 것은 아니므로 10~15도에서 안정적으로 관리하며 습도도 50% 이상 유지해야 한다. 온도가 5도 이하로 떨어지면 구화는 동해를 입기 쉬우므로 한겨울에도 최소 10도는 유지하는 것이 원칙이다.

겨울철 빛은 보약이므로 이때도 5,000~8,000lux를 꾸준히 유지하면
좋다.

❷ 물주기

화장토가 마르면 물을 주는 것이 원칙이지만, 겨울철 구화는 마른 뒤 2일
정도 더 지나서 관수해주는 편이 좋다.

❸ 비료

질소질 비료가 없는 0:6:4 비료를 월 1회 2,000:1로 희석해 관주해준다.

❹ 병충해

이 시기는 병충해가 거의 없다. 혹 충이 있을 경우 비오킬로 방제해준다.

PART 4

동양란의 숨은 보석 이야기

근래 중화권에서 동양란의 새로운 흐름을 이끄는
난초들이 주목받고 있다. 오랫동안 숨은 보석처럼 여겨지던
이 난초들은 이제 애란인들의 시선을 한몸에 받고 있다.

추지란

추지란(秋芝蘭)은 이름처럼 가을에서 초겨울에 꽃을 피우는 동양란이다. 중국과 베트남 북부 고산지대에서 자생하며 최근 중화권에서 가장 사랑받는 난초로 급부상했다. 과거에는 3~4월 봄이 개화기인 원종 심비디움 사이퍼리폴리움(*Cymbidium cyperifolium*)의 단순 변이종으로만 여겨졌다. 하지만 개화 시기와 생육 패턴이 크게 달라 독립된 별도의 아종인 심비디움 사이퍼리폴리움 바리에가타(*Cymbidium cyperifolium var.*)로 구분하고 있다.

추지란 자생지는 중국의 운남·사천·귀주성이다. 또한 베트남 하장 등 해발 1,500~1,800m에 자생하고 있다. 사계절 내내 온난·습윤한 상춘기 후대이기 때문에 추지란도 1년 내내 성장을 멈추지 않는다. 생육 적온은 20~28도이며 최저 10도 아래로 떨어지지 않는 환경을 좋아한다. 높은 온도에도 강해 한여름 40도 가까운 조건에서도 생육이 크게 흔들리지 않는 품종이다.

추지란의 가장 큰 특징은 풍성하게 겹치는 잎이다. 잎은 1.5~2cm의 넓은 광엽으로 윤택이 좋고 길이는 50~70cm까지 자란다. 성촉 하나에서 여러 달에 걸쳐 잎이 계속 올라와 최대 18매까지 달리기도 한다. 이런 잎 구성 덕분에 한 촉만으로도 충분한 관상미를 자랑한다. 잎 아랫부분에 떨잎 자리가 뚜렷한 것도 일경구화 등과의 구분 점이다. 물을 좋아하는 편이라 계절과 관계없이 3~4일에 한 번씩 촉촉하게 배양하면 좋다.

추지란 꽃은 일경구화·송춘란과 비슷한 형태지만 향기에서 가장 큰 차이를 보인다. 대부분의 동양란이 꽃향기가 보름 정도 유지되는 데 비해 추지란은 한 달 넘게 향이 이어진다. 은은하면서도 오래가는 향 덕분에 애란인들 사이에서 가을 난초의 정수라는 평가를 받는다. 개화기는 9~12월로 길고 안정적이며 가을 정취와 잘 어울리는 차분한 화색을 띤다.

최근 중화권의 동양란 시장 흐름을 보면 춘란에서 일경구화로, 그리고 연판란을 거쳐 지금은 추지란과 죽백란 무늬종이 유행을 이끌고 있다. 특히 무늬종 추지란은 중국과 타이완 애란인들이 가장 적극적으로 수집하는 품종이다.

추지란 사피반

추지란의 떨잎자리

좌 / 추지란 중투
우 / 추지란 사피

좌 / 추지란 중투

우 / 사천성의 난우들

연판란

연판란(蓮瓣蘭)은 한국 애란인에게는 다소 낯설다. 하지만 중국과 타이완에서는 춘란 · 일경구화와 함께 국란으로 불릴 만큼 사랑받는 난초다. 몇 해 전 중국 언론과 국내 인터넷에서도 "고급 외제차 한 대 값에 거래되는 난초"라며 화제가 된 적이 있었다. 당시 소개된 품종들이 바로 연판란이다. 생소했던 이름 탓에 중국춘란으로 잘못 알려졌지만, 실은 전혀 다른 매력을 지닌 독립된 동양란 계열이다.

연판란의 학명은 심비디움 토르티세팔룸 후쿠야마(*Cymbidium tortisepalum Fukuyama*)이다. 꽃잎 형태가 연꽃을 닮았다 하여 연판이라는 이름이 붙었다. 예전에는 소설란(小雪蘭)이라고도 불렸으나 지금은 연판란이라는 이름으로 통일되어 있다.

가장 큰 특징은 부드럽고 우아한 잎이다. 잎은 35~60cm 정도로 길고 유연해 활처럼 자연스러운 아치를 그린다. 어느 방향으로 놓아도 그 자체로 정돈된 선을 만들어주어 키우는 사람에게 은근한 멋을 선사한다. 뿌리는 굵고 건강하며 재배 환경에 따라 20~40cm까지 곧게 뻗는다.

연판란의 고향은 중국 운남성과 사천성, 그리고 타이완 고산지대다. 특히 운남성의 금사강 · 노강 · 란창강이 만나는 계곡 지대는 연판란의 명산으로 유명하다. 해발 800~2,500m에 이르는 이 지역은 기후 변화가 뚜렷하고 숲이 깊어 연판란이 자라기에 더없이 좋은 환경을 갖추고 있다. 이곳에서 다양한 변이종이 발견되며 중국 명품 연판란 상당수가 이 지역에서 나온다.

꽃은 흰색과 녹색이 기본으로, 붉은색 · 노란색 · 녹색의 화근이 포인트가 되어 품종별 개성을 만든다. 꽃 크기는 4~6cm로 크지 않지만 화형이 매우 다양해 보는 재미가 있다. 특히 연꽃잎을 닮은 하화판 계열의 화형(두화 스타일)은 중화권 애란인들에게 큰 사랑을 받는다. 향은 청 향과 감 향이 은은하게 섞여 꽃이 핀 이후 보름 정도 은은한 향기를 풍긴다.

연판란 두화 도화도색설

연판란은 잎 · 꽃 · 향이 은은하게 조화를 이루는 난초로, 중국과 타이완에서 오래 사랑받아온 이유가 분명하다. 화려하진 않지만 담백한 멋이 깊게 남는 품종이다.

연판란 일반 두화

연판란 분하(分荷) 복륜은 중국 애란계에서 전설처럼 회자되는 명품이다. 분하는 1990~1992년 운남성 천자산에서 발견된 뒤 전국 대회 특금상을 받으며 유명해졌다. 2005년에는 촉당 150만 위안(약 3억 원)에 거래될 만큼 귀하게 여겨졌다. 시간이 지나 개체수가 늘자 가격이 안정되었고, 지금은 애란인들이 한 번쯤 소장하고 싶어 하는 대표 품종이 되었다.

전환점은 2016년, 운남성 허칭의 애란인 루다빈이 무지 모촉에서 복륜 무늬를 지닌 신아를 발견하면서 시작되었다. 이 복륜반은 증식 과정에서 무늬가 안정적으로 고정되었고, 현재 일부 애호가들 사이에서만 한정적으로 거래된다. 복륜 무늬에서 핀 꽃은 꽃잎 가장자리에 연분홍빛 복륜이 흐르며 본래 의 단아한 화형에 특별한 품격을 더한다.

본래 분하는 잎이 25cm 안팎으로 짧다. 또한 두엽 의 소엽성을 지녀 엽예품으로의 매력도 충분하다. 여기에 선명한 복륜 무늬가 등장하며 그 가치는 한 층 더 높아졌다.

그리고 그 귀한 분하 복륜반이 내 품에도 들어왔 다. 오랜 시간 애란인들 사이에서 꿈처럼 여겨지던 그 난초를 직접 바라보고 있다는 사실이 여전히 믿 기지 않는다.

연판란 분하

송춘란

송춘란(送春蘭)은 이름 그대로 봄을 보내는 난초라는 뜻을 품고 있다. 즉 늦봄인 3~4월에 꽃이 피어 봄의 마지막 정취를 전해주는 난이다. 한동안 일경구화 변종으로 분류되었지만, 실제 재배 경험이 있는 이들이라면 두 난초가 전혀 다른 종이라는 것을 쉽게 알아차릴 수 있다. 송춘란은 2003년, 정식 학명인 심비디움 사이퍼리폴리움 스저추아니쿰

(*Cymbidium cyperifolium var. szechuanicum*)으로 독립된 위치를 갖게 되었다. 송춘란은 지역에 따라 춘녹란(春绿蘭), 송춘귀(送春归), 파모란(巴茅蘭) 등으로도 불린다.

송춘란의 가장 눈에 띄는 특징은 굵고 단단한 잎이다. 잎 길이는 40~60cm, 폭은 약 1.5cm로 일경구화와 비슷하지만 전체적인 질감은 조금 더 부드럽다. 특히 잎 수에서 큰 차이가 나타난다. 일경구화가 성촉에서도 6~8장을 넘기기 어려운 반면, 송춘란은 성촉 하나에 8장~최대 16장까지 잎이 달려 더욱 풍성한 외형을 만든다. 떨잎자리가 뚜렷하게 남는 것도 일경구화와 구별되는 포인트다. 뿌리는 0.3~0.5mm로 상대적으로 가늘고 야생 개체 신아는 뿌리가 없는 녹색 상태로 돋아나는 경우가 많다.

송춘란

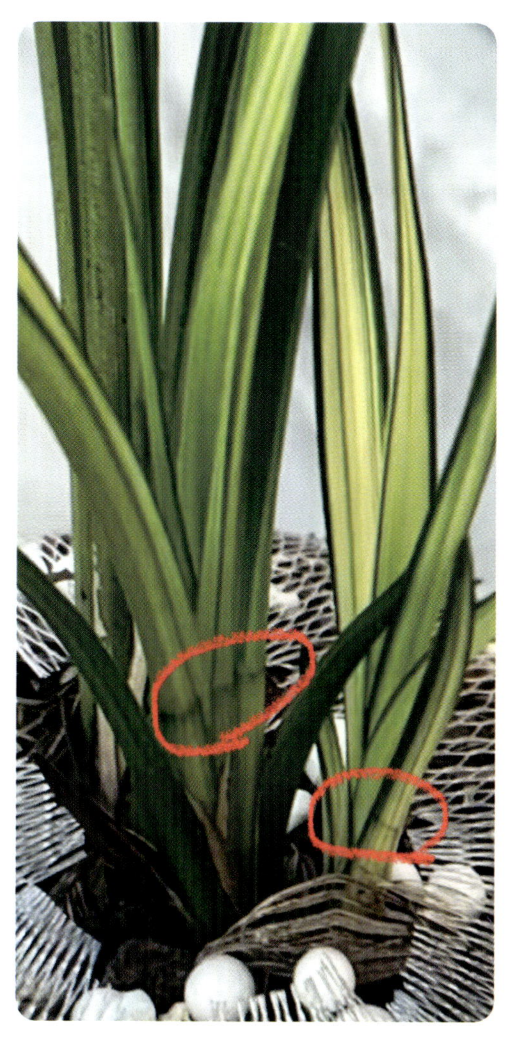

송춘란의 떨잎자리

꽃은 일경구화나 연판란과 마찬가지로 일경다화이다. 화간(꽃대)은 30~50cm까지 올라온다. 화형 자체는 크게 다르지 않지만 향기에서 개성이 드러난다. 송춘란 향은 동양란 중에서도 가장 농후한 향을 지닌 편이다. 일경구화처럼 복합적인 향(감 향·청 향·과일 향)을 지니지는 않지만 깊이 있는 진한 향 덕분에 오래도록 여운이 남는다.

우아한 잎, 풍성한 촉 구성, 늦봄의 진한 향기를 가진 송춘란은 일경구화와 닮은 듯 다르면서도 고유한 매력을 지닌 동양란이다. 그래서 중국·타이완의 많은 애란인들이 꼭 키워보고 싶은 난초로 꼽는다.

녹란

녹란(绿蘭)은 중국 운남 · 사천 · 귀주 · 광서성 등 서남부의 해발 1,000~2,500m의 울창하고 습한 숲에서 자라는 동양란이다. 이름 그대로 잎색이 비취처럼 푸르고 질감이 단단해 오래전부터 녹란이라는 이름으로 불렸다. 학명은 심비디움 파베리 바리에가타 스저추아니쿰(*Cymbidium faberi var. szechuanicum*)으로, 일경구화(C. faberi) 하위 변종으로 분류되어 있다. 하지만 실제 재배해보면 일경구화 · 송춘란 · 추지란과는 구별되는 독자적인 특징을 지니고 있다.

녹란의 첫인상은 단정하고 힘 있는 잎에서 온다. 잎 길이는 40~60cm, 폭은 1.8cm 안팎으로 송춘란보다 넓고 손에 쥐면 단단한 질감이 느껴진다. 잎 수는 성촉 기준 8~12장으로 일경구화보다 많다. 대부분의 잎이 반직립 형태로 곧게 서 있는 것이 특징이다. 잎 가장자리 톱니는 뚜렷하며 엽맥은 비교적 약하게 드러난다. 일경구화와 같은 떨잎자리가 없어 형태적으로 추지란이나 송춘란과 비슷하지만 떨잎자리가 없는 점도 구별 포인트다. 자연에서는 잎이 더 길게 자라지만 재배 환경에서는 점차 두껍고 짧아지는 경향이 있다.

녹란은 1~2월의 비교적 이른 시기에 꽃을 피운다. 꽃대는 30~50cm까지 자라며 한 꽃대에 5~12송이가 달리는 일경다화성이다. 화색은 녹색 또는 연녹색이 대부분이며 향기는 대체로 은은하거나 거의 없는 편이다. 연판란 · 송춘란 · 일경구화보다 이른 개화 시기 덕분에 겨울 끝자락의 고요한 아름다움을 전해주는 난초로 꼽힌다.

종종 송춘란이나 추지란과 혼동되지만, 송춘란은 3~4월에 피고 잎의 결도 더 부드럽다. 추지란은 가을 개화로 구분된다. 녹란은 잎의 강건함과 비췻빛 특유의 색감만으로도 충분한 감상 가치를 지닌다.

녹란은 습하고 그늘진 환경을 좋아하며 가뭄과 추위에 약하므로 3~4일

간격 물주기가 적당하다. 배양토는 소성 난석 단일보다 수분을 오래 머금을 수 있는 적옥토·부엽토 혼합토가 잘 맞는다.

　비췻빛 잎과 은은한 겨울꽃이 어우러진 녹란은 키울수록 담백한 아름다움이 깊게 빛난다.

녹란

PART 5

한국춘란

한국춘란은 단정하고 절제된 아름다움을 지녔다.
잎은 크지 않지만 곧게 뻗은 선이 아름답다.
꽃은 일경일화로 피어나는데, 그 한 송이만으로도
공간 분위기를 바꿀 만큼 힘이 있다.

1 한국춘란 알아가는 시간

한국춘란은 어떤 난초인가

한국춘란은 단정하고 절제된 아름다움을 지닌 난초다. 봄에 꽃을 피운다 하여 춘란(春蘭)이라 불리고, 옛 문헌에서는 봄의 소식을 알린다고 하여 보춘화로 기록되었다. 시골에서는 꿩과 토끼가 먹고 자란다고 해서 꿩 밥, 토끼 밥이라는 소박한 별칭도 있었다.

한국춘란의 학명은 심비디움 괴링기(*Cymbidium goeringii*)로 일본춘란과 같은 계통에 속한다. 중국춘란 심비디움 포레스티(*Cymbidium forrestii*)와는 향과 생태에서 차이를 보인다.

한국춘란을 이해하려면 먼저 난(蘭)이라는 이름에 담긴 뜻을 떠올려야 한다. 난(蘭)은 풀 초(++)와 난(闌)으로 이루어져, 드물고 귀한 풀이라 가려 보호한다는 의미를 품고 있다. 또 문(門)과 간(柬)의 구조는 난초가 동남향의 따뜻한 숲에서 잘 자라는 성질을 암시한다. 이름 자체에 이미 춘란의 기질과 자생지의 특성이 녹아 있는 셈이다.

실제로 한국춘란은 우리나라 남쪽과 동쪽의 온화한 지역에 넓게 분포한다. 제주도 및 남해안과 서해안이 자생지다. 최근에는 기후 변화 영향으로 자생지가 점차 북상하고 있음을 현지인의 증언으로 알 수 있다.

춘란은 산의 반그늘과 물이 고이지 않고 배수가 잘되는 곳에서 조용히 자란다. 낮에는 햇살을 스치듯 받고, 밤이면 기온이 뚝 떨어지는 척박한 환경 속에서도 묵묵히 견딘다.

난초 씨앗은 마치 가루와 같아서 자생지 땅속 난균의 도움을 받아야 발아가 가능하다. 자생지 부엽토 난균의 도움을 받아 생강근을 형성해 땅속에서 3~5년 시간을 보낸 후 싹을 틔워 신아를 올린다.

이런 과정이 있어 한 촉이 온전히 자리 잡기까지는 6~7년이라는 긴 시간이 필요하다. 빠르게 자라고 쉽게 번식하는 식물들과 달리, 한국춘란은 말 그대로 자연이 허락한 속도로 자라는 식물이다.

외형은 화려하면서도 단정하다. 잎은 크지 않지만 곧게 뻗은 선이 아름답다. 꽃은 일경일화로 피어나는데, 그 한 송이만으로도 공간 분위기를 바꿀 만큼 힘이 있다. 강렬한 자극 대신 은근한 매력으로 다가오는 식물, 시간이 지날수록 차분하게 깊어지는 식물이 한국춘란이다.

시대를 넘어 사랑받아온 한국춘란

한국의 춘란 문화는 생각보다 오래되었다. 고려 중기 문인 이규보의 《동국이상국집》과 임춘의 《서하집》에는 이미 난초를 감상한 기록이 보인다. 고려 말기 목은 이색과 도은 이숭인, 양촌 권근 등 많은 지식인이 난초의 기품을 노래했다.

조선 초기 강희안의 《양화소록》에는 등불 아래 난초 잎 그림자가 흔들리는 모습을 감상하는 장면이 나온다. 난초 한 촉이 주는 고요함이 마음을 가라앉힌다는 그의 기록은 우리 문화에서 난초가 지닌 정서적 깊이를 잘 보여준다. 추사 김정희의 〈불기심란도〉 역시 난초가 지닌 상징성을 증명한다. 아들 상우에게 보낸 편지 속 난초는 예술가가 지녀야 할 마음가짐을 전하려는 아버지의 가르침이자 애정이었다.

불기심란도

고려에서 조선으로 이어진 난초 문화는 시간이 흐르며 우리 일상 깊숙이 스며들었다. 중요한 자리에 오른 이에게 난초를 선물하고 새로운 출발을 응원하며 난초를 건네는 전통도 이러한 문화적 뿌리에서 비롯되었다. 비록 지금까지는 다른 나라 난초를 선물하는 경우가 많았지만, 이제는 우리 고유의 아름다움을 담은 한국춘란으로 마음을 전하는 시대가 열리고 있다.

오늘날 우리가 한국춘란을 바라볼 때 느끼는 잔잔한 위안은 단순한 취미 이상의 감각이다. 작은 화분 속 꽃과 잎이 전하는 고요한 기품은 바쁜 일상에서 잠시 숨을 고르게 해준다. 이것이 한국춘란이 오랫동안 사랑받아온 이유이며, 앞으로도 우리 곁에서 오래도록 함께할 반려식물이 될 이유다.

춘란의 몸을 읽으면 아름다움이 보인다

한국춘란을 깊이 이해하려면 먼저 그 몸을 이루는 구조를 살펴볼 필요가 있다. 잎, 벌브, 뿌리가 서로의 역할을 보완하며 한 촉의 생명을 지탱한다.

춘란에서 가장 먼저 눈에 들어오는 것은 잎이다. 한국춘란의 잎은 곧고 절제된 선으로 아름다움을 뽐낸다. 잎의 폭과 길이, 잎끝 모양, 잎맥 흐름은 개체마다 개성을 만들어내어 잎만으로도 품격을 드러낸다.

잎의 앞면은 햇빛을 견디도록 왁스층이 두껍게 형성돼 있다. 광합성 중 발생하는 열과 빛으로부터 자신을 보호하는 자연 장치다. 빛이 부족하면 잎은 더 넓어지고 짙은 초록으로 변해 조금이라도 더 많은 빛을 모으려 한다. 반대로 빛이 너무 강하면 엽록소가 파괴되어 누렇게 변한다.

춘란의 생명력을 결정하는 중심은 벌브(줄기)다. 난초는 벌브에 영양을 저장한다. 벌브의 크기와 단단함이 다음 해 새잎의 힘과 꽃의 질을 좌우한다. 벌브에는 액아라 불리는 눈이 붙어 있는데 이곳에서 새로운 촉이 태어나기도 하고 꽃이 피기도 한다. 일경구화에 비해 춘란의 벌브는 크고 튼튼해 개체의 생리적 안정성을 높인다.

뿌리는 조용하지만 가장 부지런한 기관이다. 한국춘란 뿌리는 희고 가늘며 옆으로 퍼져나가는 형태를 취한다. 뿌리 중심에는 물과 양분을 이동시키는 가느다란 중심주가 자리하고 그 바깥을 벨라민층이 감싸 물과 영양분을 저장한다. 이 구조 덕분에 뿌리는 적당한 습기와 뛰어난 배수성을 동시에 필요로 한다.

잎은 환경을 감지하고, 벌브는 생명을 저장하며, 뿌리는 생존 기반을 이룬다. 이 세 요소가 균형을 이루는 순간 춘란은 건강하고 아름답게 자란다. 한 장의 잎, 한 개의 벌브, 한 줄기 뿌리에 담긴 생명의 원리를 이해하고 나면 한국춘란을 바라보는 마음도 한층 깊고 따뜻해진다.

한국춘란을 만나면 가장 먼저 느껴지는 건 과정의 즐거움이다. 난은 하루아침에 훌쩍 자라지 않는다. 한 촉이 성장하는 데 1년, 작품 한 점을 완성하려면 몇 해의 정성이 필요하다. 그러나 이 느린 시간이 부담이 아니라 오히려 춘란의 가장 큰 매력이다. 날마다 잎의 기운이 달라지고 작품이 완성돼가는 모습을 지켜보는 동안 마음이 차분해지고 작은 변화에서도 기쁨을 발견하게 된다.

원예치료 효과도 탁월하다. 잎의 결을 살피고 신아가 돋는 모습을 관찰하는 일은 자연스럽게 마음을 돌보고 스스로를 돌아보게 만든다. 특히 한국춘란은 진화의 즐거움을 선사한다. 한 줄 호가 중투로 발전하고 뻣뻣해 보이던 잎이 어느 순간 단엽 기질을 드러내는 등 변화의 폭이 넓어 재미가 크다.

꽃의 변화도 흥미롭다. 잎의 추세만으로도 화형을 어느 정도 가늠할 수 있고 색화를 기대하며 배양하는 설렘은 특별한 즐거움이다. 봄이면 피어나는 꽃은 단아하고 청초하다. 한 송이만 피어 있어도 공간 분위기를 바꿀 만큼 기품이 있어 존재감을 온전히 드러낸다.

신아가 돋는 계절에는 난실을 오가는 발걸음이 절로 잦아진다. 작은 싹 하나가 그해의 성장을 예고하고 꽃의 미래를 보여주니, 매일 들여다보는 과정 자체가 하나의 감상이다. 번식이 잘 되어 촉이 늘어가면 성취감은 배가된다.

춘란의 최종적 즐거움은 작품 활동에서 완성된다. 난초 특성을 최대한 살려 세상에 하나뿐인 작품을 만들고 전시장에서 인정받는 순간의 기쁨은 여느 취미와 견줄 수 없다. 작품 가치가 오르면서 따라오는 경제적 보상은 덤이다. 이처럼 춘란은 변화, 기대, 성취가 끊임없이 이어지는 식물이다.

한국춘란의 매력

2

잎에서 시작되는 한국춘란의 매력

한국춘란을 처음 만나는 이들은 꽃보다 잎에서 먼저 매력을 느끼곤 한다. 잎의 선과 결, 빛깔만으로 한 촉의 기품이 드러나기 때문이다. 이렇게 잎에 특별한 특징이 나타난 난초를 엽예품이라 부른다. 꽃은 잠시 피었다 지지만 엽예는 사계절 내내 즐길 수 있어 꾸준히 사랑받는다.

엽예 세계에서 가장 중요한 감상 요소는 무늬다. 줄무늬는 크게 중투, 복륜, 산반으로 나뉘며, 그중에서도 진한 노란빛이 발현된 무늬는 더욱 귀하게 여긴다. 얼룩무늬 계열인 호피반(호랑이 무늬), 사피반(뱀 무늬) 역시 개성이 뚜렷해 애호가들 관심을 끈다. 이러한 무늬는 모두 잎 속 엽록체 변이로 생기는 현상이다.

가장 흔한 복륜만 보더라도 그 세계는 매우 깊다. 무늬가 두터운지 얇은지, 벌브까지 무늬가 내려갔는지, 잎끝에만 가볍게 있는지에 따라 종류가 무수히 갈린다. 무늬 색감과 두께, 깊이, 잎 길이와 두께, 선천성과 지속성까지 고려하면 수십에서 수백 단계 기준이 생긴다. 복륜만 가지고도 평생 작품 활동을 이어갈 만큼 폭이 넓은 셈이다.

잎 모양 자체가 독특한 경우도 있다. 잎이 짧고 단단하거나 곧게 서 있는 모습도 충분히 아름다움의 기준이 된다.

엽예는 춘란의 뿌리와 같으며, 화예 또한 결국 엽예 특성에서 비롯되는 경우가 많다. 잎의 특징이 꽃 모습과 생리에도 깊게 영향을 미치기 때문이다.

초록 잎 한 장에서 시작되는 아름다움 속에는 자연의 창조성과 인간의 감상이 맞닿아 있다. 그래서 한국춘란 세계는 언제나 잎에서 시작해 잎에서 완성된다.

꽃에서 피어나는 한국춘란의 매력

한국춘란을 오래 기르다 보면 누구나 한 번쯤 꽃 앞에서 발길이 멈춘다. 형형색색 꽃과 다양한 화형을 마주하면 마치 다른 세계에 들어선 듯한 느낌마저 든다. 잎에서 시작된 관심은 꽃에서 더 깊어지고, 그 짧은 개화의 순간은 기다림의 가치를 다시 깨닫게 한다.

꽃은 피기까지 3~4년, 길게는 5~6년이 걸리기도 한다. 원하는 색이나 모습이 아니면 또 한 해를 기다려야 한다. 그래서 꽃을 피우는 일에는 늘 인내와 설렘이 함께한다. 처음 꽃대가 오르는 순간부터 봉오리가 서서히 열릴 때까지의 시간은 그 자체로 큰 기쁨이다.

화예품의 또 다른 매력은 부담 없이 기를 수 있다는 점이다. 엽예품처럼 무늬에 예민하지 않아 작은 상처가 있어도 큰 영향을 받지 않는다. 관리가 수월해 초보자도 쉽게 다가갈 수 있다.

한국춘란 꽃은 세계 어디에서도 보기 어려운 한국적인 미감을 담고 있다. 단정한 형태와 절제된 색감까지 모두 한국 자연의 아름다움을 닮았다. 화예를 이해하면 난초의 세계가 한층 깊어진다. 잎이 자연의 선과 생명력을 보여준다면, 꽃은 그 생명의 절정이다. 짧게 피었다 지지만 그 안에는 난초가 보낸 시간과 애호가 마음이 고스란히 담겨 있다. 한국춘란은 잎에서 시작되지만 꽃에서 완성된다고 말한다. 꽃을 마주하는 그 순간, 누구나 난초가 열어 보이는 또 다른 세계와 만나게 되기 때문이다.

기초 용어를 알면 더 깊이 즐길 수 있다

어떤 영역이든 그 세계를 제대로 이해하려면 먼저 용어부터 익혀야 한다. 아래 용어들은 한국춘란을 이해하고 가까워지기 위한 최소한의 용어들이다. 이 정도만 알아도 한국춘란의 매력을 훨씬 깊게 느낄 수 있다.

중투 | 초록색 테두리 안에 벌브에서 잎끝까지 뻗어 올라오는 무늬를 말한다. 가운데 무늬를 감싸 보호하는 깊은 녹색 고깔이 있어야 하며, 중앙 무늬가 충분히 차오르지 않고 한 줄 또는 여러 줄로만 나타날 경우 호라 부른다.

복륜 | 중투와는 반대로 잎 가장자리에 무늬가 생기며 잎끝에서 기부 방향으로 내려오듯 나타나는 현상을 말한다.

산반 | 초록색 잎 표면에 짧은 선들이 섬세하게 이어져 긁힌 듯 나타나는 무늬를 말한다.

서반 | 잎에 무늬가 퍼져 있으며 마치 하늘에 구름이 떠 있는 듯 나타나는 유형을 말한다.

호피반 | 호랑이 가죽 얼룩무늬를 닮았다 해서 호피반이라 부른다. 잎에 황색 또는 백색 무늬가 가로로 나타나며 서반보다 무늬 경계가 더욱 또렷하게 드러나는 것이 특징이다.

사피반 | 작은 점 무늬가 뱀의 비늘을 닮았다 하여 사피반이라 한다.

단엽 | 잎의 길이가 짧은 형태를 말한다. 잎에 라사(잎 표면의 미세한 주름과 요철)가 있으면 단엽종이라 한다.

소심화 | 꽃잎은 초록, 설판 흰색, 화경(줄기)은 초록이며 적색 근이 없는 꽃을 말한다.

두화 | 꽃이 만개했을 때 다섯 장 꽃잎과 설판이 완두콩처럼 동글동글한 형태로 피어나는 것을 말한다.

원판화 | 두화 조건을 갖춘 꽃 중에서도 크기가 한층 큰 형태를 말한다.

잎이 보여주는 품격, 한국춘란 엽예 명품을 만나다

아래에 소개하는 품종들은 한국춘란 엽예 세계를 이끄는 일부에 지나지 않는다. 소개되지 않은 숨은 명품들까지 더하면 그 세계는 더욱 넓고 깊다. 여기 실린 품종들은 단지 각 계열의 특징과 아름다움 기준을 이해하기 위한 하나의 통로일 뿐이다. 이러한 관점을 기억하며 잎이 지닌 고유의 품격과 아름다움을 통해 한국춘란의 진정한 매력을 느껴보길 바란다. 매년 가을, 각 지역에서 열리는 엽예품 전시회를 찾아가면 한국춘란이 잎으로 보여주는 섬세한 품격과 미감 세계를 더욱 깊이 음미할 수 있을 것이다.

아가씨(중투호)

수줍은 여인이 고개를 살짝 숙인 듯한 엽선이 매력적이며 극황색 무늬와 바탕색 대비가 특히 돋보이는 품종이다. 수많은 중투호가 등장했음에도 품종이 지닌 기품 있는 엽성과 선명한 극황 중투의 아름다움은 여전히 독보적이다. 엽예품 대회에서 수년 동안 대상을 놓치지 않는 대표 명품이다.

아가씨

채집 당시에는 단엽 산반호였으나, 성장하면서 무늬가 점차 깊어져 완성도 높은 중투로 발전한 품종이다. 진녹색 바탕 위에 극황색 무늬가 선명하게 대비를 이루어 한눈에 강렬한 존재감을 드러낸다. 짧고 두터운 잎이 곧게 치솟으며 잎마다 번져오른 극황색 무늬가 진녹색 바탕과 조화롭게 어울려 단엽 특유의 기개와 품격을 한층 더 돋보이게 한다.

천종

왕중왕(단엽중투)

짧고 두터운 잎과 곧게 선 잎 선에서 중투 무늬 기상이 또렷이 드러난다. 잎끝은 부드럽게 둥글어 관상미를 더한다. 세월이 흘러도 애란인의 사랑을 받으며 가치가 흔들리지 않는 정통 명품 중투이다.

왕중왕

호정(단엽중투)

녹색과 황색이 선명한 대비를 이루며 짧고 넓은 잎에서 중투의 미가 더욱 돋보인다. 두터운 육질과 둥글게 마무리된 잎끝이 조화를 이루어 관상 가치가 뛰어난 품종이다. 호정도 오랫동안 가치가 유지되는 명품으로 인정받고 있다.

호정

송정(중투호)

　두툼한 후육의 광엽에 발현된 극황색 무늬가 일품으로 빼어난 잎자태를
자랑한다. 애란인들이 한 번쯤 꼭 품어보고 싶어 하는 인기 품종이다.

송정

200　　　　　　　　　　　　　　　　　　　　　　　　PART 05 | 한국춘란

진주수(중투호)

극황색과 녹색 무늬의 안정성이 뛰어난 품종이다. 중수엽 특유의 탄력 있는 잎에 선명한 무늬가 자리해 세월이 흘러도 흐트러지지 않는 품격을 드러낸다. 황금빛 진주 같은 무늬가 오래도록 변치 않아 꾸준한 사랑을 받는 명품이다.

진주수

신문(중투호)

넓고 두터운 잎 위로 붉은 기가 감돌 만큼 강렬한 극황색 무늬가 짙은 녹색과 대비를 이루며 깊은 품격을 드러낸다. 세월이 흘러도 색이 흐려지지 않는 안정된 무늬의 품종이다.

신문

사천왕(중투호)

　강인한 녹색과 화려한 진황의 무늬색이 멋지게 어우러진다. 잎끝은 뾰족하고 잎 중간은 볼록하며 잎 길이에 비해 폭이 넓은 무늬가 특징이다. 한국보다 일본에서 먼저 유명해진 품종이다.

사천왕

사계(호피반)

　짧고 두터운 잎 위에 극황색 무늬가 아름답게 발현된 호피반 품종이다. 햇빛을 받을수록 더욱 짙어지는 황금색 무늬는 진녹의 잎과 강렬한 대비를 이루어 마치 호랑이가 산중에 웅크린 듯한 위용을 느끼게 한다. 엽예품 대회에서도 대상 후보로 꾸준히 거론될 만큼 존재감이 돋보이는 명품이다.

사계

짧고 두터운 환엽성 잎마다 황색 서호반 무늬가 선명하게 발현되며 짙은
녹색 바탕과 강한 대비가 돋보인다. 곧게 선 잎선과 둥근 잎끝에 스며든 무
늬가 조화를 이루어 감상미를 한층 높여준다.

금비단(호피반)

　진청 바탕에 극황 무늬가 선명하게 올라오는 두터운 육질의 난초다. 우리나라 호피반 중에서는 보기 드문, 단절된 반의 무늬가 2단, 많게는 3단까지 깊게 들어가는 호피반이다. 마치 황금비단을 펼쳐놓은 듯한 고급스러운 품격을 자아내는 품종이다.

금비단

금수산(서호반)

짧고 두터운 단엽성 잎마다 극황색 무늬가 화려하게 발현되는 서호반으로, 신아 출아 시 가장 강한 서호 무늬를 보이다가 성장하면서 서서히 사라지는 선발현성 품종이다. 후육의 중엽은 단정한 노수엽 자태를 띠며 안정된 품격을 드러낸다.

금수산

  두터운 잎마다 황색 복륜이 기부 깊숙이부터 선명하게 올라오는 품종이
다. 단단한 육질과 반듯하게 선 잎선이 조화를 이루며, 그 위로 흐르는 황금
빛 복륜이 특유의 품격을 완성한다. 엽예품 대회에서도 꾸준히 우수한 평
가를 받을 만큼 감상성이 뛰어난 품종이다.

남산관

신라(단엽복륜)

단엽 위로 펼쳐진 복륜 무늬가 신라 황금기를 떠올리게 할 만큼 고혹적인 자태를 뽐낸다. 특히 잎 표면 라사의 질감, 짧고 두터운 잎선, 그리고 눈부신 황색 복륜이 조화를 이루어 품종 매력을 한층 돋보이게 한다.

신라

일품관(복륜)

　진한 녹색 바탕에 설백 대비가 돋보이는 품격 높은 명품이다. 특히 잎끝이 하늘로 곧게 오르는 중입엽성 잎에 흰색 테두리 복륜이 기부까지 또렷하게 내려와 황색계 복륜과는 차원이 다른 단정하고 고아한 아름다움을 전한다.

일품관

백록(단엽서반)

  짧고 두터운 잎마다 백황색 무늬가 고르게 발현된 단엽서반이다. 곧추선 잎이 지닌 힘 있는 자태 위에 부드럽고 아름다운 서반 무늬가 조화를 이루며 단정한 멋을 더한다. 엽예 전시회에서도 꾸준히 애란인들의 주목과 사랑을 받는 품종이다.

백록

백악(환엽서반)

　호피반의 대절반처럼 넓고 선명하게 발현된 백색 서반 무늬가 돋보이는 품종이다. 짧고 두터운 농록색 잎은 선단으로 갈수록 폭이 넓어져 풍만한 인상을 주며, 전체적으로는 안개가 피어오르는 하얀 산을 연상시키는 고요한 아름다움을 지닌다.

백악

청옥산(사피반)

잎 전체에 황백색 무늬가 화려하게 펼쳐지고 그 안에 촘촘히 박힌 녹점이 사피반 특유의 매력을 한층 더 선명하게 드러낸다. 세엽의 뾰족한 잎끝과 곧추선 잎에 살짝 꼬이는 성질이 더해져 사피반만의 개성이 한층 돋보이는 품종이다.

청옥산

동련은 화예와 엽예의 품격을 고루 갖춘 난초다. 꽃은 산반의 두화가 피어 품종의 우수성을 드러낸다. 잎은 짧고 곧추선 형태로 전개되며 잎끝까지 화려하게 수놓인 황색 산반이 일품이다. 선명한 황색이 잎맥을 타고 번져 올라가며 빛을 머금은 듯한 색감은 감상 가치를 더욱 높인다.

동련

천상(산반)

천상도 화예와 엽예를 모두 갖춘 난초다. 꽃은 단정한 원판 산반화로 피어나 고요한 아름다움을 보여주고, 잎은 금계녹호산반이 화려하게 펼쳐져 시선을 사로잡는다. 잎이 짧지 않음에도 곧게 선 잎선 위에 황금빛 산반이 정교하게 수놓인 모습은 보는 이로 하여금 탄성을 자아낼 만큼 빼어나다.

천상(산반)

　두터운 농록색 잎에 잔주름이 은은하게 잡히며 나사지가 선명하게 발현된 단엽종이다. 배골의 골이 깊지만 잎 전개가 단정하고, 둥근 잎끝이 잘 마무리되어 전체적으로 풍만한 인상을 준다. 단엽종 계열에서는 송악과 더불어 대표 품종으로 꼽히는 명품이다.

해암

송악(단엽종)

농록색의 두터운 잎마다 단엽종 특유의 나사지가 선명하게 발현된 품종이다. 주름과 깊은 배골을 지녔지만 잎은 매끈하게 전개되어 전체적으로 단정한 인상을 준다. 해암보다 잎은 다소 크지만 단엽종 계열에서 보여주는 존재감은 단연 압도적이다.

송악

꽃이 드러내는 품격, 한국춘란 화예 명품을 만나다

꽃의 세계는 잎의 세계보다 훨씬 더 다채롭다. 수많은 명화가 존재하고 원예적 가치를 인정받을 만한 꽃도 많다. 여기에 소개된 화예품도 각 계열의 특징과 아름다움의 기준을 이해하기 위한 하나의 창일 뿐이다. 이러한 시선을 품고 꽃을 바라보면 색과 형태가 어우러져 만들어내는 한국춘란만의 깊고도 섬세한 미감이 더욱 또렷하게 다가올 것이다. 매년 봄, 각 지역에서 열리는 화예품 전시회를 둘러보면 한국춘란이 펼쳐 보이는 아름다운 꽃의 세계를 한층 더 깊이 맛볼 수 있다.

천종화(중투두화)

단엽중투 천종 잎에서 중투두화 꽃이 피어났다. 다섯 장 꽃잎마다 황색 중투무늬가 화려하게 발현되어 감상미를 한층 끌어올린다. 여기에 두화의 예까지 갖추었으니 한국춘란의 최고라 해도 과하지 않다. 두화에서 색화나 무늬화가 피어날 확률 자체가 극히 희박하기 때문이다.

천종화

보름달(황화소심)

　화예계 명품이라 하면 가장 먼저 보름달을 떠올릴 만큼 존재감이 뚜렷하다. 원판성의 풍만한 꽃잎에 짙은 황색이 하얀 설판과 어우러져 단정하면서도 고운 조화를 이룬다. 특히 두터운 옆선에 남은 황색 무늬와 풍만한 황색 소심의 예가 겹겹이 어우러져 그 빛과 선만으로도 명품의 품격을 완성한다.

보름달

황금소(황화소심)

짙으면서도 맑은 화색이 특징으로 꽃잎 전체를 곱게 물들인 개나리빛이 소심의 단아한 기품과 어우러져 눈길을 사로잡는다. 단정한 자태 속에 녹엽과 황색, 그리고 백색이 어우러진 조화가 한층 더 고운 대비를 이루며, 소심종 특유의 고요한 아름다움에 황화만의 따스한 생동감을 더한 명품이다.

황금소(필자 부친의 작품)

동광(주금소심)

　화예품 중에서도 가장 화려한 수상이력을 지닌 명품이다. 평견피기의 단정한 자태를 지닌 꽃잎에 맑고 깊은 홍색 계열의 주금빛 화색이 번져 백색의 청아한 설판과 어우러지니, 보는 이의 마음까지 맑아지는 듯한 순화미를 전한다. 주변을 환하게 밝혀주는 듯한 빼어난 색감이 이 품종의 존재감을 더욱 뚜렷하게 한다.

동광(필자 부친의 작품)

태홍소(주금소심)

주금소심 중에서도 꽃이 가장 큰 대륜 명품이다. 넓게 펼쳐진 화판에 홍
색으로 착각할 만큼 깊은 주홍빛이 번지고, 그 위에 순백의 설판이 어우러
져 한층 더 고귀한 품위를 완성한다. 큰 꽃이 지닌 당당한 존재감과 화려한
색감이 조화를 이루어, 보는 이에게 강렬하면서도 우아한 인상을 남긴다.

태홍소

청홍소(홍화소심)

　꽃잎 전체를 화려하게 물들인 짙은 적홍빛 화색이 하얀 소심의 예와 어우러져 한 폭의 작품을 떠올리게 한다. 평견에 안아피기의 단정한 자태 속에서 깊게 스민 색감이 더욱 빛을 발하며 그 자체로 예술이라 할 만한 난초다.

청홍소

대륜의 꽃잎 끝을 감싸는 황색 복륜이 맑고 깨끗한 소심의 예와 절묘한 조화를 이루며 명화 중의 명화라 불릴 만한 아름다움을 보여준다. 여기에 단정한 봉심과 삼각형의 안정된 구도가 더해져 품격과 균형미를 동시에 갖춘 품종의 진가를 드러낸다.

송죽

일월화(두화소심)

　다섯 장 꽃잎과 설판이 둥근 달을 떠올리게 하는 두화소심이다. 짙은 녹색과 새하얀 백색이 원을 이루듯 조화롭게 어우러지며, 다른 색을 더하지 않아도 이 두 가지 색감만으로 깊고 순수한 아름다움을 드러낸다. 한국 난계를 오랫동안 대표해온 명화이기도 하다.

일월화

선경(중투소심)

　백색 중투무늬와 짙은 녹색 바탕이 선명한 대비를 이루는 명품 중투소심
이다. 둥근 잎끝과 안아피기의 단정한 자태가 백색 중투무늬와 소심의 예
와 어우러져 한 폭의 아름다운 그림처럼 고요한 품격을 드러낸다.

선경

태극선(중투복색화)

　복색화는 황색이 아닌 주금·홍·핑크 계열 색이 중투무늬나 복륜 속에 스며 있을 때를 일컫는다. 그중에서도 태극선은 중투복색화의 대명사로 불릴 만큼 상징적인 품종이다. 녹색 테두리 안을 가득 채운 짙은 주금빛 무늬는 마치 태극을 그려놓은 듯 화려하며 품종 자체의 안정성과 번식력 또한 뛰어나 국민난초라 불릴 정도다.

태극선

원명(황화)

원판이라 불러도 손색이 없을 만큼 풍만한 화형이 개나리빛 황색과 어우러진 명품 황화다. 꽃잎에 화근이 거의 느껴지지 않는 깨끗한 화색 또한 큰 매력으로 황화를 대표할 만한 명품으로 손꼽힌다.

원명

옥보(주금화)

　주금화만으로도 전국대회 대상을 거머쥔 명품이다. 대륜의 평견피기에 소심처럼 깨끗한 화판과 단정한 봉심이 어우러져 주금색화의 품격을 온전히 보여준다. 주금색의 전형을 보여주는 그야말로 최고의 주금화라 할 만하다.

옥보

홍대왕(홍화)

　대륜의 당당함 위에 꽃잎 끝이 둥글게 잘 마무리되고 적홍색이 깊게 물든 홍화이다. 둥근 화판과 검붉은 적홍색, 앙다문 봉심이 정갈한 화색과 어우러져 꽃잎 전체에 고르게 배어 있는 명화다. 잎에도 서호반의 예가 함께 드러나 꽃과 잎의 조화까지 아름답게 완성된 품종이다.

홍대왕(필자의 작품)

문수봉(복륜복색화)

　원판에 가까운 화형 위로 짙은 주홍빛 무늬가 꽃잎 가장자리를 두르는 복륜복색화다. 합배된 봉심과 안아피기의 단정한 자태가 복색 무늬와 조화를 이루며 그 품격을 한층 더 돋보이게 하는 명품이다.

문수봉

　동글동글한 원들이 겹겹이 모여 동심원을 이루고 꽃잎 한 장 한 장마저 완전한 원형을 빚어내는 두화다. 두화 화형 기준을 보여주는 단정한 구조미에 색설에 가까울 만큼 굵고 진한 하트형 설점이 더해져 보는 이의 감탄을 자아내는 난초다.

원앵두(필자의 작품)

금옥산(산반화)

　엽예와 화예 모두에서 두각을 나타내는 산반계열 명품이다. 꽃잎 전체에 거칠게 긁어낸 듯한 황산반이 원판에 가까운 화형과 조화를 이루어 산반화의 진가를 보여준다. 짤막한 잎에도 선명한 황산반 무늬가 잘 발현돼 있어 엽예품 대회에서도 높은 평가를 받는 품종이다.

금옥산

원홍설(두화수채색설화)

두화 특유의 화형에 두터운 화육, 그리고 화판에 번진 자홍빛 무늬가 일품인 난초다. 특히 붉게 물든 설점이 자홍빛 무늬와 겹쳐져 마치 불꽃이 타오르는 듯한 강렬한 인상을 주는 명품이다.

원홍설

초가(복륜화)

　설백의 잎 무늬 위로 설백색 복륜이 잎 가장자리를 감싸 눈부시게 빛나
는 아름다움을 보여주는 복륜화다. 반합배 봉심과 둥근 안아피기 화형 위
에 설백 복륜 테두리가 조화를 이루며 청아하고 단정한 품격을 갖춘 명품
복륜화다.

초가

홍비단(수채색설화)

단정한 봉심과 안아 피는 형태 화판에 곱게 번진 홍색 무늬는 마치 고운 비단 위에 홍색 물감을 스며들게 한 듯한 품격을 보여준다. 특히 꽃잎 뒷면까지 수채처럼 물든 색감에 짙은 색설이 조화를 이루어 한 송이 자체가 수채화 같은 아름다움을 완성한다.

홍비단

웅비(중투화)

　윤기 넘치는 극황색 중투무늬가 꽃잎에 또렷하게 발현된 중투화다. 녹색 바탕과 극황색 중투가 꽃잎 전반에서 선명한 대비를 이루어 조화로운 아름다움을 보여준다. 두터운 육질 덕분에 화려함 속에서도 당당한 품격이 살아 있는 완성도 높은 중투화다.

웅비

진묵(자화색설화)

꽃잎 전반을 가득 채운 홍자색 위용에 설판까지 짙게 물든 홍자색 색설
이 묵직한 아름다움을 더한다. 검붉은 피가 스며든 듯한 깊은 자색이 안아
피는 자태 속에서 한층 빛을 발하며 그 진가를 드러내는 명품이다.

진묵

전주황우(황화)

조홍소(홍화소심)

달광(수정 기화)

연화동자(기화 두화)

살구(황화)

새벽(홍화소심)

천일(복륜복색화)

자채홍(수채화)

난초가 이어준 아버지와 나의 시간

필자가 난초를 처음 만난 것은 중학생 시절이었다. 동네 서예 학원에서 본 한국춘란의 아름다움에 마음을 빼앗긴 뒤 배낭 하나 메고 남도의 산과 들을 누비며 변이종을 찾았다. 그러나 산채가 쉽지 않다는 걸 깨닫고는 부모님이 주신 용돈을 모아 인근 난원에서 변이종을 샀다. 몇 해가 흐르자 집 베란다에는 다양한 변이종들로 가득했다.

이후 군복무와 학업, 해외 취업으로 집을 떠나 있는 시간이 길어졌다. 자연스레 어린 시절 모은 난초들은 아버지 손에 맡겨졌다. 아버지는 난초를 체계적으로 배운 적은 없었지만 식물을 잘 돌보던 분이었다. 아버지 손길 아래 난초들은 건강하게 자랐다.

아버지는 부산에서 30년 넘게 대리석 석재업을 하며 집안을 일구어낸 분이었다. 거친 현장과 잦은 술자리 속에서도 집 마당에서 선인장과 다육식물을 돌보며 마음을 달래곤 하셨다. 아버지도 초록을 통해 스트레스를 풀고 마음의 안식을 찾으신 것이다.

난초는 부자 사이 대화까지 바꾸어놓았다. 나이가 들면 아들과 아버지의 말이 자연스레 줄어들기 마련이지만 우리 집은 달랐다. 난초로 시작된 대화가 어느새 삶의 이야기로 이어졌고 속마음까지도 스스럼없이 나누게 되었다.

한국에서 은퇴한 남자는 오랫동안 쌓아온 여러 관계와 역할에서 갑자기 밀려나는 경우가 많다. 인적 네트워크도 정리되기 마련이다. 아버지도 예외가 아니었다. 그러다 보니 집안에서 어머니와 사소한 갈등이 잦아졌는데, 그때 필자는 난초 교육을 권했다. 반년간의 교육을 통해 아버지는 자신이 평생 돌봐온 난초 세계를 다시 이해했고 그 가치를 알게 되며 새로운 네트워크를 얻었다. 삶의 중심이 다시 채워지는 순간이었다.

교육을 마친 뒤 나는 아버지께 동호회 활동을 권했다. 새로운 사람들과 교제하며 집에 있는 난초를 그 가치와 상관없이 좋은 이들과 아낌없이 나누시라고 말씀드렸다. 난초를 나누는 일이 마음을 나누는 일이기 때문이다. 그 후 아버지의 난실은 이웃 난우들이 즐겨 찾는 공간이 되었고, 아버지는 그 시간을 진심으로 즐기셨고 행복해하셨다.

해외에 있던 나는 새로운 식물을 발견하면 한국에 있는 아버지에게 보내 적응시키고 번식했다. 아버지는 든든한 동료이자 함께 난초를 즐기는 난우였다. 이후 어머니도 교육을 수료하며 우리 가족은 난초로 연결된 애란인 가족이 되었다.

아버지가 세상을 떠나시던 그해 봄, 마지막까지 정성으로 난초를 돌보아 꽃을 피워내셨다. 그 난초들은 난연합회 대회에서 최우수상을 받았는데, 네 점의 최고작 중 세 점이 아버지 작품이었다. 부상으로 금돼지 세 마리가 주어졌다. 지금도 그 금돼지들을 볼 때면 아버지가 떠오르고 아련한 추억이 잔잔히 밀려오곤 한다.

부산난연합회 수상작품과 함께

부산난연합회 최우수상 수상

호영재 재배자협회 회장님과 함께

이대건 난초 명장님과 함께

만호방 이만호 사장님과 함께

국제동양란교류회 정계조 회장님과 함께

부친 배양 무명 중투호 수상 기념사진

아버지가 난초를 시작하실 때 나는 지인들과 아낌없이 난초를 나누라고 말씀드렸다. 그래서인지 당시 홍화의 대명사였던 고가의 대홍보 상작을 지인들에게 아낌없이 나누셨다. 비록 값비싼 난초는 손을 떠났지만 그 대가는 더 깊고 귀한 인연으로 돌아왔다. 그 인연들은 아버지가 세상에 계시지 않는 지금까지도 설명하기 어려운 온기와 신뢰로 이어지고 있다.

또한 체계적인 교육을 받은 뒤에는 좋은 난초를 보면 들여오고 싶고, 직접 길러보고 싶은 마음이 아버지 안에서 자연스레 자라난 듯했다. 그러던 어느 날, 아버지는 첫눈에 반한 난초 두 종을 주저 없이 들여오셨다. 하나는 산채 단엽이고 다른 하나는 두화변이었다. 둘 다 고가였다. 특히 단엽은 이미 명명품 촉수가 늘어 가격이 떨어진 시기였고, 두화변은 꽃조차 확인되지 않은 상태였다.

난초 매입비용은 모두 아버지가 부담하셨지만, 난초 전문가인 아들에게 한 번쯤 상의해주셨으면 하는 작은 서운함을 내비쳤다. 그러다 문득 평생 대리석 공장을 운영하며 모든 결정을 스스로 내리고 책임져온 아버지의 삶이 떠올랐다. 그 방식이 아버지에게는 가장 자연스러운 일이었을 것이다. 나는 뒤늦게 경솔함을 깨닫고 조용히 사과드렸다. 아버지는 늘 그렇듯 미소만 지으신 채 아무 말 없이 받아주셨다.

그리고 기적 같은 봄이 찾아왔다. 아버지가 세상을 떠나신 다음 해, 그 단엽에서 두 대의 꽃이 피어났다. 대부분 단엽은 화형이 흐트러져 기화로 피기 마련인데 그 꽃은 놀라울 만큼 단정하고 고왔다. 잎에서 보이던 라사지가 꽃잎에도 그대로 새겨져 있었다. 한눈에 귀품임을 알아볼 수 있는 꽃이었다.

더 놀라운 일은 두화변 난초였다. 가을에 둥근 봉오리가 올라왔을 때 두화일지도 모른다는 생각은 했다. 하지만 한겨울 저온실에서 본 봉오리는 두화에 황금빛으로 빛났다. 초화로 핀 꽃은 황두화였다. 화통을 씌우면 주금빛으로 깊어지는, 말 그대로 경탄이 나오는 명품 두화였다.

그 꽃을 바라보며 나는 문득 깨달았다. 아버지 선택이 옳았다는 것을. 그리고 지금 내 삶에 난초가 깊이 자리한 이유도 결국 아버지의 시선과 손길이 남겨준 흔적이라는 것을 말이다. 그래서 나는 지금도 그 난초들이 고맙다. 꽃이 피어날 때마다 아버지가 다시 돌아오는 듯해 아버지 시간을 다시 만나는 기분이 든다.

단엽에서 핀 꽃

황두화

한 촉이 지켜낸 기적, 홍두 산아래 이야기

　부산(양산)에 무명의 애란인이 있었다. 난초가 좋아 산채를 다니고 주변 난우들과 어울리며 애란 생활을 하던 사람이었다. 그는 2010년 12월 말, 전남 신안 금일도에서 평범해 보이는 두화를 산채했다. 봉오리에 아주 희미한 색화 기운이 비쳤지만 특별한 꽃이 필 거라 생각하지 못해 다른 난초들과 함께 심어서 베란다 구석에 두었다. 그런데 2012년 봄, 그 난초가 홍두로 피어났다. 그것도 선명한 발색의 홍두였다.

　대한민국 공식 전시회에 출품된 홍두화는 드물다. 한국 곳곳에 숨은 홍두는 많지만 대부분 개인 난실에서 확인되었거나 봉오리 상태 사진만 존재한다. 심지어 전시장에서 가짜로 판명된 사례도 있다. 그런 혼란 속에서 공식적으로 심사위원 앞에서 검증된 유일한 홍두가 바로 산아래(예명)이다. 그 홍두가 2012년 부산난연합전에 꽃 세 방을 달고 애란인들에게 선을 보였다.

장선배의 출품 난초들(중간에 홍두)

전시회 출품작(식물 그대로)

절화 후 사진

하지만 진귀한 난초에는 늘 그늘이 따라붙는 법이다. 가진 사람을 향한 시기, 사실이 아닌 말들이 퍼지며 소란이 생긴다. 중국에서도 같은 일이 숱하게 반복되었고 최초 산채자가 억울함을 겪는 경우도 많았다. 산아래 역시 예외가 아니었다.

2012년 첫 출품 이후 산아래는 뿌리가 녹아내리는 아픔을 겪었다. 그럼에도 억울한 누명을 벗기 위해 매년 꽃을 피우려다 보니 난초는 점점 지쳐갔다. 신아가 오르면 뒷대가 무너지고 발색도 흐려졌다. 증식은커녕 2014년 여섯 촉이던 난초가 병치레 끝에 주저앉았다. 2015년에는 단 한 촉만 남게 되었다.

난초 소장자인 장휘춘 선배는 절종을 막기 위해 마지막 한 촉을 필자의 부친에게 맡겼다. 필자의 집은 부산 이기대 공원 중턱에 위치해 한여름에도 고랭지 환경이 유지되는 난초 배양 최적지였다. 부친은 그곳에서 한 촉 남은 산아래를 1년 내내 정성으로 돌보았다.

그리고 2016년 7월, 기적처럼 새 신아가 올라왔다. 절종 위기를 넘긴 것이다. 꺼져가던 생명을 되살린 부친의 손길이 새삼 고마웠다. 이제는 촉수도 늘어 다시 제대로 된 홍화 발색을 시도할 수 있게 되었다.

퇴촉 벌브에서 다시 살아난 홍두 산아래

증식 중인 산아래

봄이 오면 산아래의 붉은 얼굴을 다시 만날 수 있기를 기대한다. 장선배가 겪어온 오랜 억울함도 그 난초처럼 다시 피어나 털어버릴 날이 오길 바란다. 그 붉은 꽃 앞에서 우리는 지난 추억을 되새기며 조용히 미소 지을 것이다.

식물로 이어진 세 사람의 시간

필자에게는 평생을 함께한 친구가 둘 있다. 초등학교 시절부터 같은 동네, 비슷한 형편에서 자란 친구들, 준호와 호정이다. 그중 준호의 아버지는 세관 공무원이셨고 집 옥상에는 늘 분재가 가득했다. 아름드리 동백 분재와 가을마다 노란 열매와 향을 내어주던 모과 분재는 아직도 기억에 선명하다. 준호네 집에 가면 항상 옥상에 올라 수십 개의 분재 화분에 물을 주곤 했다.

호정이 아버님은 기계설비 대리점을 운영하셨다. 사람을 자주 만나는 일이라 주말이면 인적이 드문 강가와 바다로 나가 수석을 고르셨다. 돌 속에서 쉼을 찾으신 것이다. 어린 시절 호정이 집은 작은 수석 박물관 같았는데 나는 그 공간이 참 좋았다.

중학교까지 같은 학교에 다니다 고등학교부터는 모두 각자의 길로 흩어졌지만, 우리는 마음만큼은 늘 함께였다. 중년이 된 지금도 우리는 거의 매일 통화한다. 대화는 늘 식물과 수석, 전시 이야기, 한국과 베트남을 오가는 일정으로 끝난다. 어린 시절과 다르지 않다.

돌이켜보면 아버지들 취미와 삶의 태도가 자연스레 우리에게 스며들었다. 지금은 그 아들들이 함께 난초와 식물을 즐기며 살아가는 것이다. 해외에서 오래 지내서 한국에 차가 없는 필자를 대신해 친구들은 바쁜 와중에도 말없이 발이 되어준다. 그저 고맙다는 말밖엔 줄 게 없다.

요즘 대화에는 하나가 더해졌다. 어른들 모두 건강하시길, 그리고 우리도 오래 함께 건강하자는 말이다. 반려식물이 이어준 인연은 이렇게 시간 속에서 깊어지고 있다.

나의 친구 준호와 호정이

한국춘란을
돌보는 일

3

난초 관리의 핵심은
하나다

한국춘란을 돌보는 일은 일경구화와 많은 부분에서 닮았다. 배양토와 심는 법, 조도 · 온도 · 습도 관리, 물주기와 비료, 병해충 방제에 이르기까지 기본 원리는 크게 다르지 않다. 따라서 일경구화에 없는 내용은 한국춘란에서, 한국춘란에 없는 내용은 일경구화에서 참고해 자신의 환경에 맞는 배양법을 스스로 완성해가야 한다.

여기에 소개한 방법은 어디까지나 필자가 30년 넘게 계절별 관리를 실천하며 건강하게 키우고 꽃까지 안정적으로 피워낸 경험을 바탕으로 정리한 것이다. 그러니 각자의 난실 환경에 맞게 응용하여 자신만의 배양법을 만들어가길 바란다.

　　　　　　우리나라는 사계절이 뚜렷해 계절마다 기온과 습도가 크게 달라진다. 한국춘란 역시 이러한 변화에 민감하게 반응하기 때문에 계절 흐름에 맞춰 온도·습도·물·비료를 조절해주어야 한다. 봄에서 겨울까지 자연의 리듬을 읽고 그에 맞춰 돌보면 1년 내내 건강하고 안정적인 생육을 유지할 수 있다. 아래에 계절마다 꼭 챙겨야 할 핵심 관리 포인트를 정리했다.

봄 | 3월~5월

　춘란은 겨울 동안 에너지를 비축했다가 온도가 서서히 오르면 신아를 밀어올리기 시작한다. 이 시기에는 빛과 온도 조절이 새싹의 품질을 좌우하므로 세심한 관리가 필요하다. 자생지에서는 이 무렵 꽃이 피기 시작하고, 난실에서도 3월 초부터 각종 전시회가 열리니 개화시기를 맞춰 작품을 완성하는 준비가 필요하다.

　또한 봄은 분갈이 적기이기도 하다. 오래된 배양토를 교체하고 뿌리 상태를 점검해 병을 예방하며 한 해 동안 건강하게 자랄 수 있는 기반을 다져주는 중요한 시점이다.

❶ 조도 / 온도 관리

　광합성이 난초의 밥이니 신경 써서 햇볕 관리를 해야 한다. 빛은 하루 평균 5,000~8,000lux로 하루 5~8시간을 주면 된다. 햇볕이 들지 않으면 식물등을 활용해도 된다. 낮 온도는 20~26℃를 유지하고 야간에 온도가 급격히 떨어지지 않도록 신경 써야 한다.

❷ 물 주기

난초의 몸은 70%가 물이기에 수분을 특히 좋아한다. 화장토가 마르면 바로 물을 주어도 무방하며, 부족한 수분으로 스트레스받지 않게 하는 것이 중요하다. 물은 빛과 함께 광합성을 이끄는 핵심 요소이므로 적절한 관리가 필요하다.

❸ 비료

마캄프-K를 활용해 사시사철 뿌리에 서서히 비료가 스며들도록 하고, 부족한 영양은 관주나 엽면시비로 보충한다. 식물활력제(하이아토닉)는 월 1회 2,000:1로, 액비 하이포넥스는 2,000:1로 희석해 월 2회 관주하면 좋다.

❹ 병충해 예방

봄철에는 검은 잎마름병과 무름병이 발생하기 쉬우므로 스포탁 · 오티바 · 코리스를 2,000:1로 희석해 교대로 전신에 살포해 예방한다. 해충은 5월경 타르보 2,000:1 관주로 미리 차단해주면 된다.

여름 | 6월~8월

신아는 초여름까지 꾸준히 자라다가 장마철에 가장 왕성하게 성장한다. 8월 혹서기에는 생장이 둔해지고 난초도 잠시 숨을 고른다. 그러니 혹서기가 오기 전, 장마철까지 신아를 충분히 키워두는 것이 좋다. 신아가 덜 여문 상태로 고온기를 맞으면 무름병에 취약해지기 때문이다. 특히 최근에는 혹서기 기간이 길어지는 경향이 있어 더욱 섬세한 관리가 요구된다.

춘란은 8월부터 꽃눈이 형성된다. 이때 수태를 얹어 조기 차광을 해주고 적정 습도를 유지해 꽃눈이 유산되지 않도록 관리하면 화색이 더욱 안정적으로 발현된다.

❶ 조도 / 온도 관리

난초는 잎 윗면에서 광합성을 하므로 빛을 위에서 충분히 받게 하는 것이 중요하다. 다만 강한 직광은 해가 되므로 하루 평균 5,000~8,000lux의 간접광을 유지하는 것이 좋다. 이때 온도 관리도 필수적이다. 혹서기에 온도가 30℃를 넘기 시작하면 생육이 크게 떨어지고 난초가 쉽게 지치므로 빛과 함께 온도 조절에도 특히 신경 써야 한다. 여름철 적정 온도는 26~30℃ 정도다.

❷ 물주기

성장이 가장 활발한 시기이므로 수분 부족이 없도록 관리하는 것이 중요하다. 화장토가 마르면 바로 관주해도 무방하며, 관주 과정은 분내 공기를 순환시켜 뿌리가 신선한 산소를 받을 수 있게 돕는 효과도 있다. 또한 여름철 고온으로 잎 온도가 상승했을 때 물을 이용해 온도를 낮춰주면 광합성 효율이 높아져 생육이 더 안정된다.

❸ 비료

장마철은 신아 생장이 가장 활발한 시기이므로 하이포넥스를 2,000:1로 희석해 월 2회 정도 공급하면 효과적이다. 이때 마캄프-K의 지속적인 효능도 잘 활용해주면 좋다. 다만 7월 말부터 8월 혹서기에는 난초가 쉽게 지치므로 비료 시비는 잠시 중단해 휴식하도록 한다.

❹ 병충해

월 1회 오티바 2,000:1을 잎에 살포해 기본적인 균류 피해를 예방하고, 장마철에는 스포탁 2,000:1을 한 번 관주해 뿌리까지 살균해준다. 또한 델란 보호제 2,000:1을 잎에 도포해 잎 표면을 보호해주는 것도 좋다. 세균성 병을 예방하려면 일품 수화제 2,000:1을 관주해주는 방식이 도움이 된다. 장마가 끝나고 본격적인 더위가 시작되면 해충 발생이 늘어나므로 타르보 2,000:1을 관주해 조기에 예방한다.

가을 | 9월~11월

혹서기를 견딘 난초는 가을에 두 번째 생장기를 맞는다. 먼저 식물활력제를 2,000:1로 관주해 회복을 돕고, 이후에는 비료를 2,000:1로 월 1회 보충해 신아가 온전히 성장을 마무리하도록 한다. 단, 꽃눈이 형성된 개체는 질소질 비료를 중단해야 선명하고 안정적인 색화를 기대할 수 있다.

꽃이 달린 난초는 수태를 활용해 자연 발색을 유도할지 화통을 씌워 색을 조절할지 선택해 가장 안정적인 색상이 나오도록 관리한다.

신아가 약 80% 정도 성장하면 2차 분갈이를 통해 분주하거나 다음 해 나올 액아의 위치를 점검해 건강한 생육을 준비해준다.

❶ 조도 / 온도 관리

가을은 2차 생장이 이루어지는 중요한 시기이므로 빛 관리에 특히 신경 써야 한다. 이때도 하루 평균 5,000~8,000lux 빛이 잎 윗면에 고르게 닿도록 해준다. 가을철 생장을 돕는 적정 온도는 20~26℃ 정도다.

❷ 물주기

2차 생장이 방해받지 않도록 수분 관리도 세심하게 해주어야 한다. 난실 환경에 따라 다르지만 보통 3~5일 간격으로 관주해 신아 성장을 안정적으로 마무리하고 꽃눈이 달린 난초가 스트레스받지 않도록 한다.

❸ 비료

신아를 키우는 화분과 꽃을 감상할 화분은 목적에 따라 관리 방식을 구분해야 한다. 신아 성장용 화분은 일반 비료를 2,000:1로 희석해 월 1회 관주하며 생육을 돕는다. 꽃이 달린 화분은 색화일 경우 질소가 없는 하이포넥스 0-6-4를 사용해 색상 발현에 집중한다. 이렇게 목적별로 구분해 관리하면 신아와 꽃 모두 안정적이고 품위 있게 기를 수 있다.

❹ 병충해

델란을 2,000:1로 엽면 시비해 잎을 보호하고, 스포탁 · 오티바 · 코리스를 2,000:1로 교대로 사용해 세균성과 곰팡이성 질환을 사전에 예방한다.

겨울 | 12월~2월

겨울에는 난초가 동해나 냉해를 입지 않도록 특히 주의해야 한다. 최근에는 기온 변동이 커 예측이 어려우므로 더욱 세심한 온도 관리가 필요하다. 또한 겨울 광합성이 다음 해 생육을 좌우하므로 충분한 빛을 제공해 에너지를 비축하도록 돕는 것이 중요하다. 특히 색화 품종은 저온에서 색 발현이 선명해지는 특성이 있으므로 적절한 저온 관리에 신경 써야 한다.

❶ 조도 / 온도 관리

겨울에도 난초의 성장은 완전히 멈추지 않는다. 따라서 5,000~8,000lux 빛을 꾸준히 유지해 에너지를 충분히 비축하도록 도와야 한다. 낮 온도는 10~15℃ 정도로 관리하고, 밤에는 동해를 막기 위해 5℃ 이하로 내려가지 않도록 주의한다.

❷ 물주기

겨울에는 관주 주기를 늘려도 무방하지만, 수분 부족으로 스트레스받지 않도록 하는 것이 중요하다.

❸ 비료

겨울철에는 특별히 비료를 줄 필요는 없다. 다만 2월 중순쯤, 신아가 잘 형성되도록 활력제 2,000:1을 한 번 투입해 난초의 기력을 돋워주면 좋다.

❹ 병충해

이 시기에는 균이나 해충 피해가 거의 없다. 다만 잎에 발생할 수 있는 위험을 사전에 차단하기 위해 델란 2,000:1을 엽면 도포해두면 좋다.

PART 6

숲에서 만난
야생 난초들

야생난초는 작은 잎과 단순한 구조,
은은한 향으로 숲 속에서 조용히 빛난다.
그 고요한 존재만으로 마음의 풍경을 바꾼다.

벌보필럼과
소양시란

필자는 중국과 베트남에서 생활하며 수많은 난초를 만나 왔다. 그중에서도 유독 한국 애란인의 정서를 사로잡는 난초가 있으니, 바로 베트남의 벌보필럼(Bulbophyllum)과 소양시란(Schoenorchis)이다.

베트남 주재원 시절, 필자의 시선은 자연스레 한국춘란이 지닌 작고 귀여운 미감을 떠올리게 하는 난초로 향했다. 수많은 야생난초 가운데서도 특히 우리의 나도풍란을 닮은 벌보필럼 무늬종이 눈에 들어왔다.

벌보필럼과의 만남은 우연이었다. 호치민의 야생난초 시장에서 덴드로비움 원종을 고르던 중 아주 작고 둥근 잎의 난초 하나가 시선을 붙잡았다. 주인은 "난초는 맞지만 너무 작아 인기가 없다"며 그냥 가져가라고 했다. 베트남에서는 크고 화려한 난초를 선호해 초소형 난초는 관심 밖이었기 때문이다.

벌보필럼은 하나의 벌브에 잎 한 장만 달린 단순한 구조가 기본이다. 환엽의 달마형 잎은 나도풍란을 닮았다. 극히 드물게 잎이 퇴화해 벌브만으로 살아가는 개체도 있다. 향기는 대체로 강한 편이고, 간혹 청량한 향을 지닌 개체를 만날 때면 또 다른 매력에 빠지게 된다. 수집을 이어가다 보니 몇 센티미터 초소형 잎부터 1미터가 넘는 개체까지 그 세계가 놀라울 만큼 다양하다는 걸 알게 되었다. 현재는 향기가 좋고 잎에 무늬가 있는 중소형 종을 중심으로 배양하고 있다.

벌보필럼 설백 복륜 단엽

벌보필럼 주금두화색설(극소형 꽃)

벌보필럼 백화소심

벌보필럼 삼광중투호

벌보필럼 삼광중투

벌보필럼 노란 벌브에 중압호

벌보필럼 중투복색

벌보필럼 주금화환일이(필자 등록품)

또 하나 마음을 사로잡은 난초는 베트남 중남부 고산지대에 자생하는 소양시란이다. 소엽풍란을 닮은 초소형 라사 단엽과 비슷한데, 진한 핑크빛 꽃이 피는 이 난초는 첫눈에 반할 수밖에 없는 존재였다. 소양시란은 한국에서도 일부 애란인이 재배하고 있지만 변이종은 여전히 귀하다. 필자는 화색 변이종과 소심을 찾아 작은 오키다리움(유리 어항 속에 난초 생태계를 꾸민 공간)을 꾸며 집 안에서 기르고 있다.

소양시란 핑크색

소양시란 소심

소양시란 호(잎 무늬)

소양시란과 벌보필럼으로 꾸민 오키다리움

소양시란 원종

　　벌보필럼과 소양시란은 한국에서도 충분히 재배가 가능하고 우리 애란
인의 감성과도 잘 어울린다. 이 매력적인 야생난초들이 언젠가 한국 애란
인의 난실에서 새로운 미감과 즐거움을 전해줄 것이다.

세상에 이름을 가진 식물은 결국 누군가의 눈에 먼저 들어온 순간에서 그 새 생명이 시작된다. 필자에게 벌보필럼 성욱이(*Bulbophyllum sungwookii*)가 바로 그런 존재였다.

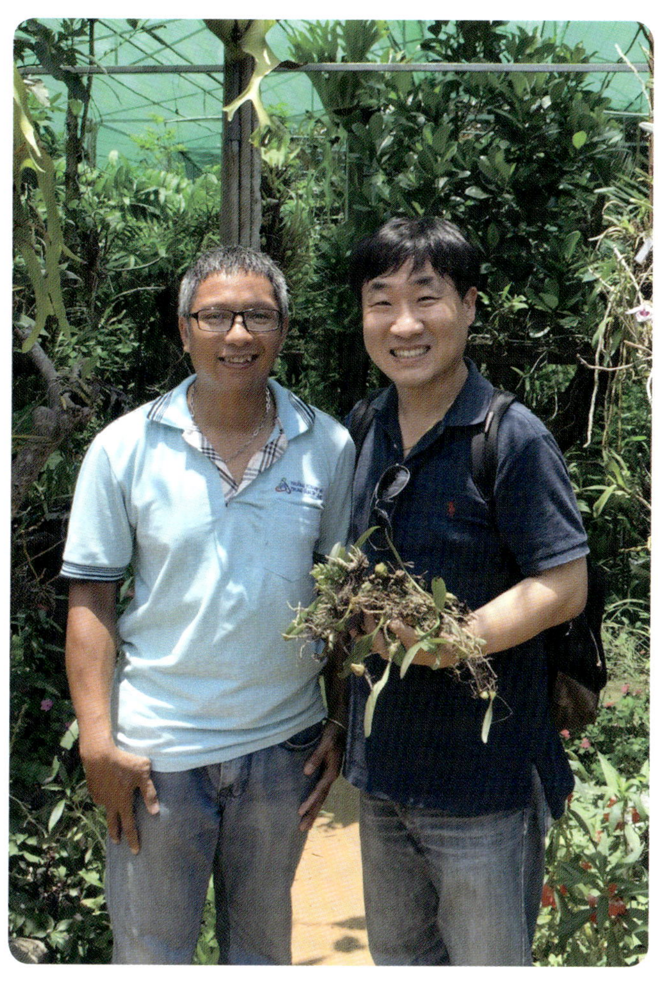

식물학자 깐(Dr. Nguyen Van Canh)과 함께

2023년 우기 초입, 호치민에서 함께 연구하던 식물학자 깐 박사(Dr. Canh)에게 연락이 왔다. 중부 푸옌(Phu Yen)성에서 난초와 아로이드 표본을 채집하는데 함께 가자는 제안이었다. 우기 산행은 위험천만하지만, 필자에게는 놓칠 수 없는 기회였다. 그렇게 토요일 저녁 비행기에 올라 새벽녘에 푸옌 인근 고산지대에 도착했다. 장비를 싣고 산 초입으로 향하는 길은 우기로 질퍽해 차량이 들어갈 수 없어 지나가던 경운기를 얻어 타고 겨우 산행을 시작했다.

정글로 들어서자 눅진한 흙냄새와 짙은 안개가 우리를 감쌌다. 길 없는 숲을 헤치고 걷는 일은 고되지만, 나무 사이로 스며드는 첫 햇살 속에서 예상치 못한 식물을 만나는 순간의 설렘은 그 모든 수고를 잊게 한다. 그러던 중 저 멀리 나뭇가지

끝에서 보랏빛 작은 흔들림이 눈에 들어왔다. 가까이 다가가 보니 벌보필럼 난초였다. 그런데 도감에서 보아온 것들과는 전혀 달랐다.

벌보필럼 특유의 작은 주판과 봉심은 그대로였다. 하지만 이 개체는 부판이 유난히 길고 화색도 태국 등록종과 완전히 달랐다. 설판과 연결된 '거'가 소엽풍란처럼 뒤로 길게 뻗어 있어 단번에 고유종임을 직감했다. 꽃은 여러 송이가 피어도 둥글게 모이지 않고 일렬로 가지런히 배열되어 있었다. 결정적으로 벌보필럼의 상징이라 할 벌브가 둥근 형태가 아닌 날렵한 원뿔형이었다. 육안만으로도 기존 종들과 전혀 다르다는 것을 알 수 있었다.

하산 후 며칠 지나 호치민 열대 식물연구소에서 연락이 왔다. 미등록 신종이 맞고 푸옌성에서만 자생하는 베트남 고유종이라는 공식 판정이었다. 순간 온몸에 전율이 일었다. 인도차이나 난초들은 이미 수백 년 동안 서양 학자들이 학명을 붙여왔다. 다른 일부 고유종도 태국 학자들이 대부분 선점했다. 이런 환경에서 신종 발견은 거의 기적에 가까운 일이기 때문이다.

자생지의 벌보필럼 성욱이

꽃

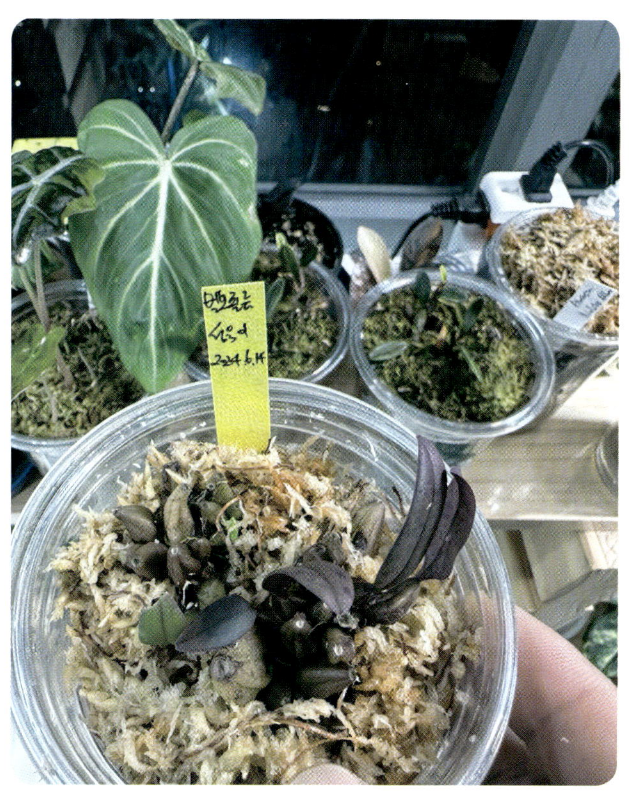

유모

　그러나 더 큰 고민은 이 아이 이름을 무엇으로 할 것인가였다. 미등록 종을 발견한 사람이 학명 작명권을 갖기에 여러 이름을 떠올려보았지만, 깐 박사와 쫑 박사는 단호했다.

　"네가 발견했으니 네 이름을 붙여라."

　잠시 망설였지만 마음을 정했다. 오랫동안 한국 고유종조차 외국인 이름으로 학명이 붙어버린 역사를 떠올리면 한국인 이름을 가진 새로운 난초가 세계에 등록되는 일은 단순한 명예 그 이상이었다.

　등록 절차는 간단하지 않았다. 난초 분야는 영국·독일·러시아 학회가 중심이 되고 중국 학회가 합류해 최종 검증이 이뤄진다. 특히 동양란 원종

대부분이 중국에 자생한다고 여기는 중국학자들은 외부 지역 새로운 난초
에 더욱 엄격하다.

그러나 깊은 정글에서 나를 향해 조용히 흔들리던 그 작은 보랏빛은 결
국 학계를 설득했다. 그리고 2024년 4월 4일, 벌보필럼 성욱이는 독일 난초
학회를 통해 정식 신종으로 등록되었다.

한 송이 난초를 좇아 정글을 헤맨 시간이 결국 한 생명의 이름이 되어 세
상에 남았다. 자연 속에서 우연히 마주한 작은 보랏빛 흔들림이 학계가 인
정한 새로운 존재가 되기까지 그 모든 과정은 한 명의 애호가가 얻을 수 있
는 가장 큰 기쁨이었다.

덴드로비움
아노스멈

베트남 사람들도 우리나라처럼 소득 수준이 높아지자 삶
의 여유와 아름다움을 찾기 시작했다. 그 과정에서 야생에 자생하는 향기
좋은 덴드로비움 아노스멈(*Dendrobium anosmum*)의 변이종을 채취해 가치
를 부여하며 아름다움을 즐기기 시작했다.

필자도 베트남 주재원을 시작할 때 다양한 야생난초에 자연스레 마음이
끌렸다. 그때 덴드로비움 아노스멈 계열을 만나 자생지를 다니며 채취하고
수집해왔다. 이 계열은 연한 핑크색이 기본색이다. 꽃빛이 짙은 핑크로 발
현되면 변이종으로 분류된다. 특히 꽃잎(주부판·봉심)이 맑고 깨끗한 설백
색일 경우, 다섯 장 꽃잎이 모두 흰색이라는 뜻에서 5CT라 부른다. 이 단계
부터는 고가에 거래된다. 여기에 설 안쪽으로 핑크빛 빗살무늬까지 더해지
면 그 가치는 상상을 뛰어넘는다.

필자의 아파트 베란다 측면 난 배양장

필자의 아파트 베란다 착생란들
(베트남 주재원 초기시절)

위 / 덴드로비움 아노스멈

아래 / 아노스멈 색설

아노스멈 백화소심

아노스멈 5CT

아노스멈 중투

삶의 목표가 뚜렷하지 않았던 처남 역시 식물을 통해 변화를 맞았다. 다양한 관엽식물은 물론, 소형 벌보필럼과 가치가 높게 형성된 덴드로비움 아노스멈 변이종을 입수해 기르며 식물과 함께 안정된 삶을 꾸려가고 있다.

식물이 인간 품으로 들어오면 위로와 치유 그리고 삶의 안정을 선물한다. 때로는 변이종이 경제적 보상까지 안겨준다. 그렇게 식물은 우리와 같은 공간에서 함께 살아가는 존재가 된다.

그래서 필자는 아직 충분히 가치를 인정받지 못한 야생난초를 찾아나선다. 숲속에 숨어 있는 희소한 식물과 난초에 시선을 두고 그 진가를 드러내기 위해 어디든 마다하지 않고 달려간다.

심비디움
성욱이 이야기

2024년 11월, 필자는 벌보필럼 성욱이에 이어 심비디움 성욱이(*Cym. sungwookii*)까지 신종으로 등록하는 기쁨을 누리게 되었다.

심비디움 계열의 신종 등록은 난초 중에서도 가장 까다롭다. 대부분의 원종이 중국 운남·사천성 일대에서 발견되기 때문에 중국 밖에서 새로운 심비디움이 보고되면 학계는 먼저 의심부터 품는다. 그럼에도 심비디움 성욱이는 영국·독일·러시아·중국학자들의 엄격한 검증을 모두 통과했다.

2023년, 그해 필자의 관심은 죽백란에 몰려 있었다. 한국과 일본, 중국 일부에만 자생한다고 알려졌던 죽백란이 베트남 북부에서도 다양한 모습으로 자라고 있다는 사실을 알게 되었다. 그래서 매주 하노이와 하이퐁, 까오방을 오가며 산을 탔다. 그러던 중 남딘성에 동양화 속 난초 같은 잎을 가진 심비디움이 있다는 이야기를 들었다. 나는 난우들과 함께 정글로 향했다.

베트남에서의 산행은 한국과는 차원이 다르다. 인적이 드문 야생림에서 길을 스스로 만들고 독충도 피해야 한다. 한 번 산행하면 2박 3일은 기본이다. 해발 700m 높이 산을 오르던 둘째 날 아침, 낯익고도 은은한 꽃향기가 바람을 타고 스며왔다. 처음엔 세엽 혜란 계열 향이라 여겼지만, 가까이 다가가본 순간 눈을 의심했다. 잎이 두 장뿐인 심비디움이었다. 어떤 개체는 잎이 한 장뿐인데도 여러 송이 꽃이 달려 있었고, 잎에는 일반적인 심비디움과 달리 은은한 광택이 났다. 향기 역시 사계란의 감 향과는 또 다른 청향이 섞여 있었다. 현지 애란인들조차 태어나 한 번도 본 적 없다고 할 만큼 독특한 난초였다.

하산하자마자 필자는 호치민의 열대식물 연구소로 달려갔다. 예상대로 베트남 고유종이며 미등록 신종이라는 판정을 받았다. 이듬해 세계 식물등록협회에 등록 신청을 했다. 당연히 2년 이상은 기다려야 하리라 생각했다. 그런데 2024년 11월, 믿기 어려운 소식이 도착했다. 심비디움 성욱이가 1년 8개월 만에 신종으로 공식 등재된 것이다.

심비디움 성욱이 잎은 우리가 익히 아는 세엽 혜란 잎과 비슷하지만 배골이 깊지 않고, 엽맥도 눈에 잘 띄지 않는다. 손에 쥐면 너무 얇지도 두껍지도 않은 중간 정도 질감에 은은한 광택이 돌아 야생 난초 특유의 기품이 느껴진다. 자생지에서는 잎 길이가 60~70cm까지 뻗지만, 재배 환경에서는 이보다 10~20cm 정도 짧아질 것으로 보인다.

자생지에서

심비디움 성욱이

무엇보다 눈에 띄는 특징은 잎이 두 장뿐이라는 점이다. 어떤 개체는 잎이 한 장뿐이기도 하다. 이렇게 단출한 잎을 가진 벌브 중간에서 꽃눈이 올라와 개화하는데 이는 심비디움 계열에서도 드문 형태다. 신아는 벌브 아래에서 돋아나는 등 기본 생육은 심비디움 특성을 따르지만, 꽃은 사계란을 닮은 모습에 3월 초 가장 먼저 피는 조기 개화성, 그리고 감 향에 청 향이 더해진 맑고 고운 향기로 뚜렷한 개성을 보인다. 일반적으로 향이 거의 없는 열대 심비디움과 비교하면, 원예적 가치 역시 매우 높다고 할 수 있다.

어린 시절 난초에 반해 언젠가 내가 발견한 난초가 학명으로 남으면 좋겠다고 막연히 꿈꾸던 시간이 있었다. 그 꿈이 벌보필럼 성욱이에 이어 심비디움 성욱이로 또 한 번 현실이 되었다.

파피오페디움 베트나미세

필자가 중국에서 주재원으로 생활하던 시절, 독일 난초 학술지 《Orchidee》를 통해 베트남에 아주 진귀한 파피오페디움이 존재한다는 사실을 알게 되었다. 파피오페디움 베트나미세를 사진으로 보았는데도 천상의 꽃이라 불러도 손색이 없을 만큼 눈부셨다.

그러다 2014년 베트남 주재원 생활을 시작할 때 다시 베트나미세가 떠올랐다. 필자는 현지 지인들과 오키드 헌터들에게 그 난초의 자생지를 알려달라고 부탁했다. 그저 자생지에서 꽃이 피어 있는 모습을 한 번이라도 보고 싶었기 때문이다.

하지만 진실을 알게 된 후 씁쓸했다. 베트나미세는 베트남 북부 해발 500~800m 석회암 산지에서 자생하는데 개체 수가 원래부터 적었다고 했다. 특히 밀매 수요로 자생지마저 대부분 파괴되어 베트남에서도 멸종위기 1급 식물이 되었다는 것이었다. 시중에 유통되는 베트나미세 역시 순수 원종이 아니라 다른 파피오페디움과 교배된 하이브리드였다. 속상했다. 그토록 원하던 자생지 모습을 볼 수 없다는 사실이 말이다. 이후 베트나미세와 화형이 비슷한 에메르소니와 델레나티이를 베란다에서 키우며 속상한 마음을 달랬다.

파피오페디움 에메르소니

그러던 어느 날, 뜻밖의 장소에서 베트나미세와 다시 마주했다. 죽백란을 분양받기 위해 방문한 하이퐁의 한 병원 원장 선생님 난실에서 말라가는 베트나미세 유묘를 발견한 것이다.

베트나미세 유묘

　원장 선생님은 훼손된 자생지에서 말라가던 개체를 그냥 둘 수 없어서 데려왔다고 했다. 반드시 살려내 자생지로 돌려보내기 위해서란다. 그러고는 정성을 다해 돌보고 있었다. 하이퐁 병원장의 진심 덕분에 필자는 평생 한 번 볼 수 있을지 몰랐던 베트나미세를 실견할 수 있었다.

　얼마 전 병원장으로부터 메일 한 통이 도착했다. 베트나미세가 살아났고 마침내 꽃까지 피웠다는 소식이었다. 다음에 방문하면 함께 자생지에 가서 그 난초를 다시 묻어주고 오자고 약속했다. 자연으로 돌아가 다시 생명을 잇고 번식해야 그 아름다움을 우리가 오래도록 누릴 수 있기 때문이다.

베트나미세 꽃

어머니 이름의 난초,
아이리데스 숙자e

2025년 5월, 독일 난초 학술지 《Orchidee》를 통해 야생난초의 일종인 아이리데스 숙자e(*Aerides sookjae*)가 신종으로 정식 등록되었다. 이 난초는 베트남 남중부에서 고산과 저지대 열대기후가 만나는 수림지대에 자생하는 착생란이다. 나무껍질에 붙어 살아가는 베트남 고유종이며 한국의 나도풍란과 같은 계열에 속한다.

필자가 베트남 생활을 막 시작했을 무렵, 이 난초는 호치민의 야생난초 시장 한편에 보릿자루처럼 무심히 놓여 있던 존재였다. 크고 화려한 꽃을 선호하는 현지 애란인들의 관심을 끌지 못했지만 향기가 좋고 화색이 다양해 내 눈에는 유독 고운 난초로 보였다. 사람들에게 이름을 물어도 그저 "야생난초"라는 대답뿐이었다. 도감이나 책에서도 그 존재를 찾을 수 없었다.

2023년 3월 초, 호치민 열대 식물 연구소의 붕쯩 박사(Dr. Vuong Truong)와 내 단짝 깐 박사(Dr. Nguyen Van Canh)와 함께 지아라이성으로 난초 탐방을 갔다. 산행 초입에 익숙한 향기가 느껴져 나무 위를 보니 아이리데스 숙자e 여러 개체가 만개해 향기를 뿜고 있었다. 두 사람에게 학명을 묻자 아이리데스 오도라타와 닮았지만 다른 종인 것 같다는 답이 돌아왔다.

동료들은 이 난초 역시 신종이니 나에게 직접 이름을 붙여보라고 권했다. 그동안 내 이름으로 명명된 종이 많으니 이번에는 부모님의 이름을 따는 것이 어떻겠느냐는 제안도 덧붙였다. 그들의 마음이 무척 고마웠다.

그렇게 사랑하는 모친 우숙자의 '숙자'를 따 아이리데스 숙자e(*Aerides sookjae*)라 명명하게 되었다. 학명에서 남성의 이름에는 ii, 여성의 이름에는 e가 붙기에 '숙자e'가 되었다. 사랑하는 모친의 이름을 담아 난초에 이름을 새긴 기억은 반려식물과 함께하는 삶에 큰 기쁨이었다.

TAXONOMISCHE MITTEILUNGEN

Aerides sookjae Lour., eine neue Art aus dem zentralen Hochland von Vietnam

Aerides sookjae Lour., a new species from the central highlands of Vietnam

Key words: *Aerides sookjae, Aerides odorata*, Zentrales Hochland, Vietnam

Ba Vuong Truong
Institute of Life sciences,
Vietnam Academy of
Science and Technology,
85 Tran Quoc Toan, District 3, Ho Chi Minh City,
Vietnam

E-Mail: bavuong2019@yahoo.com
Corresponding author

Van Canh Nguyen
Institute of Innovation
in Pharmaceutical and
Healthcare Food, Thu Dau
Mot University, Tran Van
On St., 6, Phu Hoa Ward,
Thu Dau Mot City, Vietnam

E-Mail: nguyenvancanh@tdmu.edu.vn

Sung Wook UM
KOA (Korea Orchid Association), #1901, 104 Dong,
Hillstate Daeyeon central,
95 Jinnam-ro, Nam-gu,
Busan, Korea

E-Mail: gableum@naver.com

Jim Cootes
Number 7 Bronte Place,
Woodbine, NSW,
Australia. 2560

E-Mail: jimcootes@gmail.com

Zusammenfassung: *Aerides sookjae*, eine neue Art aus dem zentralen Hochland von Vietnam, wird beschrieben. Die neue Art ähnelt *Aerides odorata* Lour., Flora Cochinchinensis **2**: 525, 1790, unterscheidet sich aber deutlich durch ihr Farbmuster, die Lippenmorphologie, die Merkmale des Sporns (Epichil), den fast fehlenden oberen Kallus, die Form des unteren Kallus am Sporneingang und die Blütezeit.

Dieser Artikel enthält eine detaillierte Beschreibung der neuen Art, eine Abbildung ihrer Blütendetails, eine Abbildung der Vergleichsart, *Aerides odorata*, mit Blütendetails sowie eine Tafel mit den Unterschieden zwischen *Aer. odorata* und der neuen Art, *Aerides sookjae*.

Abstract: A new species of *Aerides* from the Central Highlands of Vietnam is described. The new species closely resembles *Aerides odorata* Lour., Flora Cochinchinensis **2**: 525, 1790, but is clearly distinguishable by its color pattern, lip morphology, spur characteristics, the nearly absent frontal callus, the shape of the callus inside the spur, and its flowering period.

This paper includes a detailed description of the new species, accompanied by an illustration of its floral details, an illustration of the comparative species, *Aerides odorata*, as well as a comparative plate highlighting differences between *Aer. odorata* and the new species, *Aer. sookjae*.

아버지 이름의 동백,
카멜리아 대섭ii

동백꽃 나무의 학명은 카멜리아 자포니카(*Camellia japonica*)로 일본산 동백이란 뜻이다. 동백나무는 중국, 한국, 일본, 베트남 북부의 동아시아 전역에서 자라고 있는데 정작 학명은 일본을 뜻하는 자포니카가 끝에 붙어 있다. 사실 한국의 대다수 동식물 학명 끝엔 일본을 상징하는 자포니카가 붙어 있다. 일제 식민지 지배를 겪었던 역사가 남긴 흔적일지도 모른다.

필자가 동백나무와 인연을 맺은 건 대학 시절 분재 동아리에서였다. 난초 동아리를 찾다 우연히 들어간 모임이었다. 그곳에서 동백 분재의 깊은 아름다움을 알게 되었다. 간혹 나타나는 잎 변이를 삽목해 전혀 다른 작품으로 키울 수 있다는 사실도 그때 배웠다.

필자는 지금도 한 달에 한 번쯤 혼자 달랏으로 산행을 떠난다. 그곳은 내게 치유와 안식을 건네는 공간이다. 2024년, 개인적으로 유난히 힘들던 시기에도 나는 달랏의 숲속을 걷고 있었다. 휴대전화 신호가 끊길 만큼 깊은 곳에서 길을 잃었지만, 낯설지 않은 상황이라 차분히 주변을 살폈다. 그때 차나무를 닮았으나 잎은 더 크고, 꽃은 차보다 크고 동백보다 작은, 유난히 눈길을 끄는 작은 나무 한 그루가 눈에 들어왔다.

표본을 채집해 연구소에 의뢰한 결과, 미등록 카멜리아라는 사실을 확인했다. 나는 삶에서 가장 큰 가르침과 사랑을 주신 아버지의 이름을 이 동백에 남기기로 했다. 그렇게 동백 이름에 카멜리아 대섭ii(*Camellia daeseobii*)라는 한국인 이름이 처음으로 새겨지게 되었다. 이 동백은 2025년 6월, 베트남 식물학회와 달랏대학교 논문을 통해 공식 소개되었다.

최근 달랏대학교로부터 이 동백이 달랏에 거주하는 몽족과 에데족이 오래전부터 진통과 소염에 사용해왔으며 현재 약성 분석에 들어갔다는 소식

을 전해 받았다. 부디 아버지 이름의 동백이 더 많은 사람에게 쓰임과 위로

를 전하는 식물로 남길 바란다.

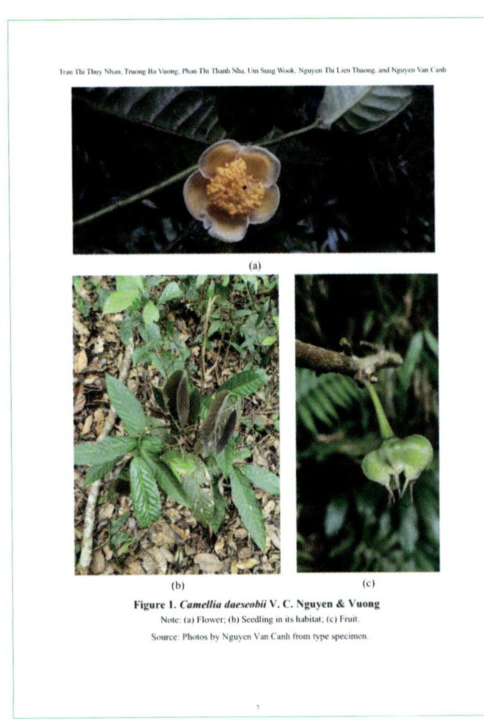

Figure 1. *Camellia daeseobii* V. C. Nguyen & Vuong

Note: (a) Flower; (b) Seedling in its habitat; (c) Fruit.

Source: Photos by Nguyen Van Canh from type specimen.

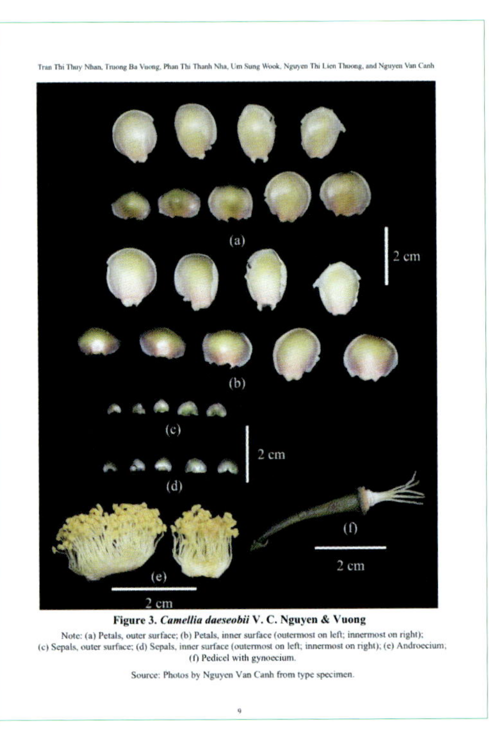

Figure 3. *Camellia daeseobii* V. C. Nguyen & Vuong

Note: (a) Petals, outer surface; (b) Petals, inner surface (outermost on left; innermost on right); (c) Sepals, outer surface; (d) Sepals, inner surface (outermost on left; innermost on right); (e) Androecium; (f) Pedicel with gynoecium.

Source: Photos by Nguyen Van Canh from type specimen.

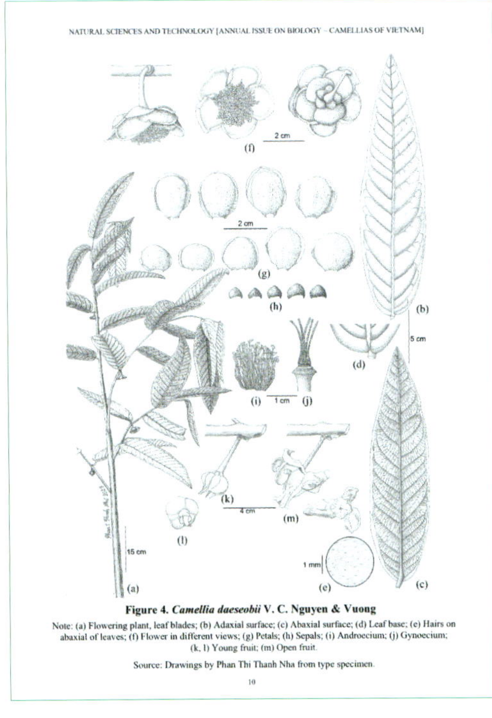

Figure 4. *Camellia daeseobii* V. C. Nguyen & Vuong

Note: (a) Flowering plant, leaf blades; (b) Adaxial surface; (c) Abaxial surface; (d) Leaf base; (e) Hairs on abaxial of leaves; (f) Flower in different views; (g) Petals; (h) Sepals; (i) Androecium; (j) Gynoecium; (k, l) Young fruit; (m) Open fruit.

Source: Drawings by Phan Thi Thanh Nha from type specimen.

베트남 현지에서 취약계층을 포용하고 지역사회에 기여한 공로로,
대한민국의 국격과 정부 이미지를 높이는 데 이바지하여
2025년 산업통상자원부 장관 표창을 받음.

이 책을 통해 나와 삶을 나눈 반려식물의 이야기를 되짚다보니 지난 시간들이 주마등처럼 스쳐 지나간다. 삶이 버겁고 마음이 지칠 때마다 식물은 말없이 곁에 머물며 위로가 되어주었다. 다시 일어설 수 있는 치유의 길로 나를 이끌어주기도 했다. 기쁨의 순간에는 그 마음을 아는 듯 식물 또한 한층 더 생기를 띠며 자랐다.

그렇게 식물과 함께한 시간은 내 삶의 속도를 조금 늦추고 바라보는 방향을 바꾸어주었다. 호야의 덩굴이 제 길을 찾아 천천히 뻗어가듯, 난초가 몇 해의 시간을 품고서야 꽃을 내어주듯, 삶에도 각자의 리듬과 때가 있음을 배웠다. 식물은 눈에 보이는 변화보다 보이지 않는 성장이 먼저임을 알려주었다. 그리고 기다림 또한 그 자체로 충분히 의미 있는 시간임을 가르쳐주었다.

식물과 함께한다는 것은 단순히 돌보고 키우는 일을 넘어 삶을 대하는 태도를 다시 배우는 일이었다. 조급함을 내려놓고 하루의 변화를 유심히 바라보며 지금 이 순간에 머무는 법을 익히게 되었다. 말없이 자라는 식물 앞에서 나는 스스로를 다그치기보다 기다릴 줄 아는 사람이 되었고 완성보다 과정에 마음을 두는 법을 배웠다. 그렇게 식물은 내 삶의 한가운데서 조용히 호흡을 맞추는 동반자가 되어주었다. 내가 식물을 키우며 느껴온 이러한 장점들을 독자들도 함께 누렸으면 좋겠다.

이 책이 누군가에게는 첫 반려식물을 맞이하는 계기가 되고, 또 누군가에게는 이미 곁에 있는 식물을 다시 바라보는 계기가 되기를 바란다. 그 작은 초록이 각자의 삶 속에서 조용한 위로가 되고 하루를 단단히 살아갈 수 있는 호흡이 되어주기를 기대한다.

이 여정에는 많은 이들의 도움이 있었다. 특히 2권이 세상에 나올 수 있도록 응우엔 반 깐 박사(Dr. Nguyen Van Canh), 응우엔 반 크엉(Mr. Nguyen Van Khuong), 그리고《난과 생활》의 나성근 국장님과 편집부 여러분의 세심한 배려와 전문적인 도움이 더해졌다. 이 책이 한층 더 깊이 있는 기록으로 완성될 수 있었던 것은 그분들 덕분이다. 친구인 준호와 호정이에게도 고마운 마음을 전한다. 또한 식물을 매개로 삶과 이야기를 나누며 인연을 맺어온 모든 분들께도 깊은 감사를 드린다.

엄성욱의
반려식물
이야기

②

◆ 초판 | 1쇄 발행 2026년 3월 10일

◆ 지은이 | 엄성욱

◆ 기획 | 임재성

◆ 펴낸이 | 한승수

◆ 펴낸곳 | 문예춘추사

◆ 편집 | 이상실 구본영

◆ 디자인 | 홍시 송원철 박소윤

◆ 마케팅 | 박건원 김홍주

◆ 등록번호 | 제300-1994-16

◆ 등록일자 | 1994년 1월 24일

◆ 주소 | 서울시 마포구 동교로27길 53, 지남빌딩 309호

◆ 전화 | 02-338-0084

◆ 팩스 | 02-338-0087

◆ 이메일 | moonchusa@naver.com

◆ ISBN | 978-89-7604-777-9 13480

엄성욱의 반려식물 이야기 ①

|희귀 관엽식물의 모든 것|

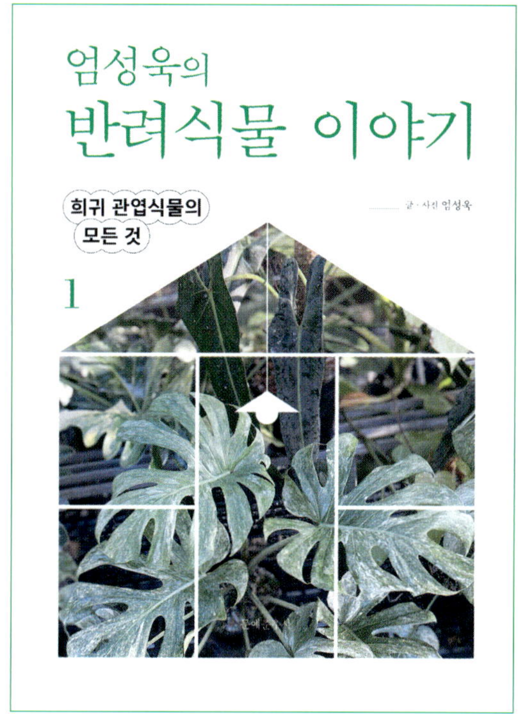

글·사진 엄성욱 | 4*6 배판 양장 | 값 32,000원

　1권에서는 관엽식물 이야기를 먼저 들려주려 한다. 내가 오래 머물렀던 곳이 관엽식물 중심지이다 보니 자연스럽게 다양한 희귀종을 가까이에서 만날 수 있었다. 새로운 품종이 있다는 소식만 들리면 세계 어디든 달려갔다. 7시간 넘게 차를 타고 가서 삼고초려를 한 적도 많다. 팬데믹 이후 희귀 관엽식물을 즐기는 사람이 크게 늘었다. 그러나 정작 이 세계를 제대로 안내해줄 책이나 자료는 거의 없는 형편이다.

　내가 오랜 시간 경험하며 배운 것들을 담아 안내하는 이 길이 누군가의 첫 반려식물을 지켜주는 든든한 시작점이 되었으면 한다. 초록 한 그루가 우리의 일상을 바꾸듯, 이 책이 여러분의 반려식물 생활에도 작은 힘이 되기를 소망한다.

지은이 **엄성욱**

중학생 때 한국춘란에 매혹된 이후 30년 넘게 난초·관엽식물·호야·죽백란·일경구화 등 수많은 반려식물과 함께 삶을 이어오고 있다. 중국과 베트남에서 26년 가까이 주재원으로 지내며 자생지의 식물들을 직접 관찰하고 수집한 경험은 그 생태와 아름다움을 온몸으로 깨닫게 해준 소중한 배움이었다.

한국인 최초로 자신의 이름을 딴 동양란 계열 심비디움과 호야 신종을 국제 학술지에 정식 등록했으며 국내외 전문가들과의 폭넓은 교류를 바탕으로 다양한 식물의 신품종 개발에도 꾸준히 힘쓰고 있다. 현재 부산난연합회 부이사장으로 활동하며 난초 문화의 저변 확대에 기여하고 있다. 또한 난초 전문지《난과 생활》에 반려식물 칼럼을 연재했으며《희귀 관엽식물 투어》(2021),《엄성욱의 반려식물 이야기 1》(2026)를 출간해 반려식물 문화 확산에도 앞장서고 있다.

한국 중견 기업의 ESG 상무이사로서 베트남 법인에서 현지 사회에 이바지한 공로를 인정받아, 2025년 산업통상자원부 장관 표창을 받았다. 이 상은 기업과 지역사회, 나아가 국가 경제 발전에 기여한 이들에게 수여되는 국가유공자에 대한 표상으로 기업 임직원이 받을 수 있는 최고 영예로 평가된다.

저자는 바쁜 직무와 해외 생활 속에서도 식물과 함께하며 배운 기쁨과 위로, 그리고 오랜 세월 쌓아온 경험을 더 많은 이들과 나누고자 이 책을 집필했다. 그의 반려식물 이야기로 독자들이 작은 숲과 같은 쉼과 영감을 얻고 자신의 일상에서도 식물과 더불어 사는 기쁨을 새롭게 발견하길 바란다.

E-mail gableum@naver.com